岩土工程勘察设计与建设管理应用

杜艳云　徐荣超　毛　宁　主编

化学工业出版社
·北京·

内容简介

本书系统阐述了岩土工程勘察设计与建设管理的核心内容，涵盖从基础理论到实践应用的完整知识体系。书中首先介绍了岩土工程勘察的基本知识、技术要求、工作程序及成果编制方法，深入讲解了现场勘察技术，包括工程地质测绘、钻探取样与原位测试等关键环节。针对高层建筑勘察，重点分析了勘察分级、地下水评价及岩土工程分析方法；同时结合深基坑支护设计，详细论述了放坡开挖、土钉墙、桩墙式围护结构等典型支护形式的适用条件与设计要点。此外，本书还探讨了基坑降排水设计原则与方案选择，并从施工前期管理、质量管理、成本管理三个维度，系统梳理了建筑工程全生命周期管理的理论框架与实践策略。最后通过某医院建设项目的案例分析，展示了甲方在组织协调、招标采购、施工管控及医疗专项开办等环节的综合管理方法，为读者提供了可借鉴的实战经验。

本书适用于岩土工程、土木工程、建筑工程管理等领域的技术人员，包括勘察设计单位工程师、施工企业项目管理人员、建设单位甲方代表及工程咨询机构从业人员。本书也可作为高校土木工程相关专业师生的教学参考书，还可供从事工程监理、造价咨询、招标代理等工作的专业人士提升业务能力时参考使用。

图书在版编目（CIP）数据

岩土工程勘察设计与建设管理应用 / 杜艳云，徐荣超，毛宁主编. -- 北京：化学工业出版社，2026. 1.

ISBN 978-7-122-49721-5

Ⅰ. TU412；TU71

中国国家版本馆 CIP 数据核字第 2026INC118 号

责任编辑：彭明兰　　文字编辑：邹　宁
责任校对：杜杏然　　装帧设计：刘丽华

出版发行：化学工业出版社
（北京市东城区青年湖南街 13 号　邮政编码 100011）
印　　装：北京印刷集团有限责任公司
710mm×1000mm　1/16　印张 11　字数 226 千字
2026 年 3 月北京第 1 版第 1 次印刷

购书咨询：010-64518888　　售后服务：010-64518899
网　　址：http://www.cip.com.cn
凡购买本书，如有缺损质量问题，本社销售中心负责调换。

定　　价：98.00 元

前言

岩土工程勘察设计是工程建设的基础与先导，其核心在于通过科学的方法揭示场地岩土体的工程特性，为建筑结构的安全性与经济性提供关键依据。随着城市化进程的加速和工程规模的扩大，勘察设计工作面临着更加复杂的地质条件与更高的技术要求——从深层地基处理到地下空间开发，再到抗震防灾设计、特殊土工程治理，每一个环节都需要精准的地质数据支撑与创新的工程技术方案。本书立足行业前沿，系统梳理了岩土工程勘察的标准化流程、原位测试技术、数值分析方法及高层建筑、深基坑等专项设计要点，旨在帮助从业者掌握从地质调查到方案优化的全链条技术能力。

建设管理应用则是将工程理论转化为实践成果的关键桥梁，其涵盖施工组织、质量控制、成本管理、风险管控等多个维度。在工程全生命周期中，管理效能直接决定了项目目标的实现程度：科学的施工部署能缩短工期，严格的质量监管可避免返工损失，动态的成本控制能提升投资效益，而系统的风险预判则为工程安全保驾护航。本书聚焦建筑工程管理的核心痛点，结合流水施工原理、全面质量管理、挣值分析等工具方法，通过医院建设等典型案例，深入解析了甲方视角下的多目标协同管理策略，为建设单位、施工企业及监理机构提供了可落地的管理范式。

岩土工程勘察设计与建设管理的融合，是现代工程高质量发展的必然趋势。勘察阶段的地质结论直接影响设计方案的选择，而施工过程中的反馈又能修正前期认知的偏差，二者需通过动态的信息交互形成闭环。例如，深基坑支护设计需兼顾地质条件与施工可行性，降水方案需平衡成本与周边环境影响，这些均要求技术人员与管理者具备跨领域协作的能力。本书打破传统学科界限，将勘察技术要点与管理控制措施有机结合，通过“技术-管理”双线并行的叙述逻辑，助力读者构建“以地质为依据、以管理为手段、以效益为目标”的复合型工程思维，最终实现“安全、经济、高效”的工程建设核心价值。

本书共9章，由山东中医药大学附属医院杜艳云担任第一主编，山东建勘集团有限公司徐荣超担任第二主编，山东建勘集团有限公司毛宁担任第三主编，由山东建勘集团有限公司李庚、薛锡胜、张楠担任副主编，参与编写的还有山东建勘集团有限公司郭文杰、刘冰涛、顾云莎。其中杜艳云负责编写第6章～第9章，徐荣超负责编写第1章、第3章、第5章，毛宁负责编写第2章、第4章，李庚、薛锡胜、张楠、郭文杰、刘冰涛、顾云莎辅助本书的编写工作。

本书在编写过程中，得到了许多同行的大力支持和帮助，在此一并向他们表示由衷的感谢！由于编者水平有限和时间紧迫，书中难免有疏漏之处，望广大读者批评指正。

目录

第一章 岩土工程勘察基础知识

第一节　岩土工程勘察基础知识概述

一、岩土工程的基本概念

岩土工程在国外一些地区或国家又被称为大地工程、土力工程或土质工程。它不仅把岩土体作为工程建设环境、建设材料，而且把它与建（构）筑物联系起来，组成一个整体，进行合理的利用、整治和改造，以解决和处理工程建设中出现的与岩体和土体有关的工程技术问题。岩土工程不仅要研究工程建设所在地域的地质环境特征，而且还要掌握工程建设特性和要求，不脱离工程建设要求进行地质环境质量评价，把工程建设所依赖的物质基础——岩土体与工程建设具体要求紧密结合起来，视为一个整体进行分析、评价、利用、整治和改造。它贯穿于工程建设的全过程，是基本建设的一个重要组成部分，包括勘察、设计、施工、治理、监测、监理几大环节。我国将岩土工程定义为“以土力学、岩体力学及工程地质学为理论基础，运用各种勘察技术对岩土体进行综合整治、改造和利用的系统性工作”。因此，我们可以这样认为：岩土工程是以土力学、岩体力学、工程地质学（水文地质学）、地基基础工程学为基础理论，主要从事岩土工程勘察、岩土工程设计、岩土工程治理（施工）、岩土工程监测和监理，用以解决和处理在工程建设中出现的所有与岩土体有关的工程技术问题的新型专业技术科学。岩土工程、工程地质都是工程与地质的结合，但工程地质侧重于地质环境自身质量的评价，岩土工程则侧重于工程，把地质环境质量分析评价、利用、整治、改造与工程紧密结合起来，要为工程建设服务，满足工程建设的要求，服务于工程建设全过程，而且力求技术与经济的统一，这也是岩土工程的本质所在。

岩土工程主要包括五个方面的工作内容：岩土工程勘察，岩土工程设计，岩土工程治理（施工），岩土工程监测（检测），岩土工程（咨询）监理。

二、岩土工程勘察的基本概念

国家标准《岩土工程勘察规范》（GB 50021—2001，2009 年版）将岩土工程勘察定义为，根据建设工程的要求，查明、分析、评价建设场地的地质、环境特征和岩土工程条件，编制勘察文件的活动。即岩土工程勘察是根据建设工程要求，运用各种勘测技术方法和手段，为查明建设场地的地质、环境特征和岩土工程条件而进行的调查研究工作，并在此基础上，按现行国家、行业相关技术标准、规范、规程以及岩土工程理论方法，去分析和评价建设场地的岩土工程条件，解决存在的岩土工程问题，编制并提交用于工程设计与施工等的各种岩土工程勘察技术文件。因此，岩土工程勘察是一项包含现场调查、室内资料整理、分析、评价与制图的工程活动，是岩土工程的重要组成部分。根据以上定义，岩土工程勘察主要有以下五个方面的含义。

（1）岩土工程勘察是为了满足工程建设的要求，有明确的工程针对性，不同于一般的地质勘察。

（2）“查明、分析、评价”需要一定的技术手段，即工程地质测绘和调查、勘探和取样、原位测试、室内试验、检验和监测、分析计算、数据处理等，应根据不同的工程要求和地质条件，采用不同的技术方法。

（3）“地质、环境特征和岩土工程条件”是勘察工作的对象，主要指岩土的分布和工程特征，地下水的分布及其变化，不良地质作用和地质灾害等。

（4）勘察工作的任务是查明情况，提供数据，分析评价和提出处理建议，以保证工程安全，提高投资效益，促进社会和经济的可持续发展。

（5）岩土工程勘察是岩土工程的一个重要组成部分。岩土工程包括勘察设计、施工、检验、监测和监理等，既有一定的分工，又密切联系，不宜机械地分割。

三、岩土工程勘察的目的、任务与研究内容

（一）岩土工程勘察的目的

岩土工程勘察的主要目的就是要正确反映建设场地的岩土工程条件，分析与评价建设场地的岩土工程条件与问题，提出解决岩土工程问题的方法与措施，建议建筑物地基基础应采用的设计与施工方案等。

（二）岩土工程勘察的任务

岩土工程勘察是综合性的地质调查，其基本任务包括：查明建设场地的地形、地貌以及水文、气象等自然条件；研究地区内的地震、崩塌、滑坡、岩溶、岸边冲刷等不良地质现象，判断其对工程场地稳定性的危害程度；查明地基岩土层的工程特性、地质构造、形成年代、成因、类型及其埋藏分布情况；测定地基岩土层的物理力学性质，并研究其在工程建造和使用期间可能发生的变化及其影响；查明场地地下水的类型、水质及其埋藏条件、分布与变化情况；按照设计和施工

要求，对场地和地基的工程地质条件进行综合评价；对不符合工程安全稳定性要求的不利地质条件，拟定采取的措施及处理方案。

勘察工作程序取决于建筑物类别、规模、不同的设计阶段、拟建场地的复杂程度、地质条件、当地经验等。工程勘察的基本程序包括编制勘察大纲、测绘与调查、勘探工作、测试工作、室内试验、长期观测与编写报告书等。

（三）岩土工程勘察的研究内容

根据上述勘察目的与任务，岩土工程勘察的研究内容应包括以下方面：对场地岩土工程条件及其调查内容的研究；对场地岩土工程勘察技术方法与手段的研究；对场地岩土工程问题分析理论方法与手段的研究；对场地地基岩土利用与整治方法的研究；对各种岩土工程问题防治方法与措施的研究；对勘察制图的研究等。

第二节　岩土工程勘察基本技术要求

一、岩土工程勘察技术要求准则

岩土工程勘察是我们认识工程地质环境质量、获取工程设计参数的过程，是一项技术性极强的基础性工作。大量工程实践表明，造成工程事故或工程投资过大、经济损失过多，往往与人们对工程地质环境质量认识不够有密切关系。为保证勘察成果的质量，保证建设工程的稳定安全及技术经济的合理性，岩土工程勘察工作必须遵循如下基本技术行为准则。

（一）实践准则

(1) 岩土体形成的长期性及地质作用的复杂性，决定了其具有自然工程地质性质的客观存在性、非均质性及各向异性的特点。即使通过取样测试，也由于样品的采集改变了其原始自然状态以及受到人为因素的影响，难以消除样品测试所获得的参数与原状体实际参数所存在的差异。因此，要求人们在描述、测定岩土的工程地质性质时必须实事求是，切忌片面性和主观臆断性，同时也要充分注意岩土体的复杂性。

(2) 由于岩土的时空变异性以及工程建筑的单一性，决定了某一具体工程勘察设计的独特性。由于建筑场地的岩土工程特性各不相同，因此每一工程的设计、施工都必须以场地岩土体的实际性状为准，以岩土体的原型观测、实体试验、原位测试所获参数作为岩土工程分析论证及设计、施工的主要依据，从而突出了实践的重要性。

(3) 为防止片面性，应尊重岩土体的客观实际，在对稳定性进行分析计算时，应有两种以上方案进行对比论证。因此，在分析论证过程中，切忌先入为主、主观臆断、“留优舍劣”的非科学态度。必要时可依据客观实际，采用反证的方法，获取正确的方案。

（二）判据准则

任何工程的兴建，都应满足在规定的时间内完成各项预期功能的要求。在建筑结构设计中，应满足的预期功能为结构的安全性、适用性和耐久性。

(1) 安全性：指结构在正常施工和正常使用条件下，能承受可能出现的各种作用，并在偶然事件发生时及发生后，仍能保持必要的整体稳定性。

(2) 适用性：指结构在正常使用时应具有良好的工作性能。

(3) 耐久性：指结构在正常维护条件下能完好地使用到规定的年限，或者说应具有足够的防止其材料性能随时间退化而引起失效的能力。

安全性、适用性和耐久性是衡量结构是否可靠的标志，因此总称为结构的可靠性。因此，可以概括地说，结构的可靠性是指结构在正常设计、施工和使用条件下，在规定的使用年限内完成预期的安全性、适用性和耐久性功能的能力。若结构在规定的时间内和规定的条件下能完成各项预期功能，则称结构可靠。若结构在规定的时间内和规定的条件下不能完成各项预期功能，则称结构不可靠或失效。工程设计的目的，就是要在可靠性与经济性之间选择一种合理的平衡，从而使工程建设既能完成各项预期功能，又使造价尽可能低，即在可靠的前提下最经济。因此，在工程设计过程中应遵循技术先进、经济合理、安全适用、确保质量的原则。作为工程设计基础的岩土工程勘察及其分析评价，也必须遵循这一原则。所谓极限状态是指结构、构件或工程能满足设计规定的某一功能要求的临界状态（或称特定状态），超过这一状态，结构、构件或工程便不能满足设计要求。

（三）地质准则

这一准则强调了工程地质条件对岩土性状的影响。如同一工程或相似工程，在不同的地质条件下，可能会产生不同的问题。一幢高层建筑物，在坚硬-硬塑状态黏土层这一地基条件下，强度及变形值可能均满足工程建筑的稳定、安全、适用要求。如果换一个地基条件，则可能地基土的强度、变形值均不能满足或其中之一不能满足工程要求。或者由于地基土的变形而引起建（构）筑物的严重破坏，或者有的场地地基稳定性不好，存在饱和粉土、细砂土层，在地震或振动作用下产生液化问题，而使建（构）筑物的稳定、安全、使用受到影响等。因此这一准则强调在进行岩土工程分析时，不仅要分析地质条件的现有情况，还应将地质条件（地形起伏、地层结构特征、地下水特征等）作为岩土力学性状变化的影响因素加以分析。

地下水既是岩土体的一个组成部分，直接影响岩土的性状及行为，也可作为工程结构物的环境，影响其稳定性及耐久性。其主要表现为以下方面。

(1) 静水压力：对工程建筑起浮托作用。

(2) 动水压力：可引起边坡的失稳破坏。

(3) 水位的升降：可使土体的有效应力减小或增加，使地基土产生附加变形。

（4）水头差：可引起流砂、管涌等潜蚀作用。

（5）深基坑开挖的排水疏干。

（6）沉井施工的排水、流砂。

（7）对建筑物材料的腐蚀。

（8）对岩土的软化、崩解、湿陷、膨胀、化学溶蚀。

（9）道路地基的冻害。

（10）排水条件对土体固结、强度的影响等。

从上述内容可以看出，地下水对岩土的作用机制可分为力学及物理-化学作用两大方面，而动水压力（渗透力）及浮托力是地下水力学作用的重要表现。这些作用往往以消极因素影响岩土性状及行为，影响结构物的稳定性及耐久性，因此在岩土工程分析中应充分予以重视。然而，在日常工作中，人们往往由于偏见而轻视地下水问题，忽视对地下水的分析和研究，只停留在一般的调查和评价上，实际工作中的症结主要表现是：不了解不同岩土工程对地下水问题的不同要求；地下水位数据不准确、不齐全，往往是混合水位、无分层水位、有初见水位、无稳定水位；不注意查明地下水类型、补给来源、水力联系；不注意查明地下水的季节变化动态等。

二、岩土工程分析评价要求

岩土工程分析评价是在工程地质测绘、勘探、测试与监测的基础上，结合工程特性和要求，进行分析、计算，选定岩土参数，论证场地、地基和建（构）筑物的稳定性和适宜性，对岩土的利用、整治和改造设计提出可行的方案和建议，预测和监控工程在施工中和运营期间可能发生的问题，并提出相应对策、措施和建议的一系列工作。分析评价正确与否、是否符合实际，不仅取决于分析的基础资料是否完整、准确，还取决于评价方法是否正确。

（一）定性评价与定量评价相结合

定性评价是基础，是首要步骤，定量评价是定性评价的补充和升华，偏废任何一个评价都是片面的甚至是危险的。只有正确进行定性分析和评价，才能正确认识评价对象的影响因素及其相互影响、相互制约的程度；只有正确认识评价对象的边界条件，才能正确建立数理模型，从而为定量评价奠定基础。而只有通过定量评价，才能把定性评价结论提升到“有据可查”的水平，便于工程设计的直接应用。在定性、定量分析评价中，应注意两者结果应是一致的，如有矛盾，则应复查，找出问题症结所在。定性分析和评价应坚持辩证唯物主义的认识论和方法论，切忌主观性和片面性。一切从实际出发，这样才能真正“由此及彼、由表及里”地认识评价对象。

一般在下列情况下可只作定性评价：工程选址、场地对拟建工程的适宜性评价；场地地质条件稳定性评价；岩土材料的适宜性及工程性质的一般描述。

（二）定量评价的两种方法

定量评价方法一般采用定值法与概率法。

(1) 定值法：又称安全系数法，是目前岩土工程评价中常用的一种定量评价方法。用此法进行极限状态计算时，一般将其设计变量看作非随机变量，即常量。其安全度（可靠度）是用一个总的安全系数来衡量的，即在强度上根据经验打一个折扣，作为安全储备。

(2) 概率法：将设计变量作为随机变量，对作用效应、抗力、安全裕度进行概率分析，用失效概率或可靠度来度量设计的可靠性的定量评价方法。该法将安全储备建立在概率分析的基础上，因此它是一种比较科学的分析评价方法。采用概率极限状态分析法进行定量评价时，由于考虑了工程结构抗力和作用效应的随机性，用工程结构的失效概率或可靠度来判别工程结构是否可靠是比较科学的。

利用概率法可以对一系列评价问题做出重要的补充，如在确定地基承载力时，可以给出极限荷载和相应变异系数，或算出极限承载力后，可在必要时采用接近极限值甚至稍有超过极限值的承载力，虽承担着一定风险，但却充分利用了地基承载力，又可保证建（构）筑物的各项要求被满足。

第三节　岩土工程勘察工作程序

一、承接勘察项目

在岩土工程勘察工作开展之初，通常由建设单位（业主）作为项目发起方，主动启动勘察项目的委托流程。建设单位基于自身项目的规划与建设需求，比如要新建一座大型商业综合体、住宅小区或者工业厂房等，明确需要对项目场地的地质、岩土条件等进行详细勘察，以获取准确可靠的基础资料，为后续的设计、施工提供坚实依据。同时，建设单位会同设计单位共同商讨勘察项目的具体要求与目标。设计单位凭借其专业的设计经验和对项目整体规划的理解，能够从设计角度提出对勘察工作的特殊需求，例如地基承载力的具体指标、地下水位对建筑结构的影响范围等。双方充分沟通协调后，确定需要委托勘察单位开展的具体工作内容和范围，确保勘察工作能够精准对接项目实际需求，避免出现勘察内容遗漏或者过度勘察的情况，为后续项目的顺利推进奠定良好基础。

建设单位和设计单位会根据上述多个维度对潜在的勘察单位进行综合评估和筛选。可以通过发布招标公告，吸引符合条件的勘察单位参与投标，然后对投标文件进行详细评审；也可以采用邀请招标的方式，直接邀请一些信誉良好、实力较强的勘察单位参与竞争。在筛选过程中，要确保评选过程的公平、公正、公开，避免出现人为干预和不正当竞争的情况，最终选择出最适合承担本次勘察项目的单位，具体内容见表 1-1。

表 1-1　筛选勘察单位

筛选维度	具体内容	重要性评分（1～5 分）	备注
资质等级	勘察单位须具备相应的岩土工程勘察资质，不同等级的资质对应不同规模和复杂程度的勘察项目。高等级资质的单位通常在人员、设备、技术等方面更具优势，能够承担大型、复杂的勘察任务。例如，甲级资质单位可以承担各类建设工程的岩土工程勘察业务	5 分	资质是衡量勘察单位基本能力的重要指标，必须严格审查
业绩经验	考察勘察单位过往承接的类似项目业绩，包括项目规模、地质条件复杂程度、项目完成质量等。丰富的业绩经验意味着该单位在处理各种地质问题时更有办法，能够更高效地完成勘察工作并提供准确可靠的成果。例如，曾成功完成过多个软土地基勘察项目的单位，在处理软土相关问题时会更得心应手	4 分	业绩经验能直观反映单位的实际操作能力和应对复杂情况的水平
技术团队	了解勘察单位的技术团队构成，包括专业技术人员的数量、专业背景、技术水平等。优秀的勘察团队应具备地质、岩土工程、测量等多方面的专业人才，且团队成员之间协作默契。例如，拥有多名高级工程师和注册岩土工程师的团队，在技术指导和问题解决方面会更有保障	4 分	技术团队是勘察工作的核心力量，直接影响勘察成果的质量
设备装备	查看勘察单位拥有的勘察设备和仪器，如钻探设备、原位测试仪器、土工试验设备等。先进、齐全的设备能够保证勘察工作的顺利进行，提高勘察数据的准确性和可靠性。例如，具备高精度的静力触探仪可以更准确地获取土层的力学性质参数	3 分	设备装备水平反映了单位的硬件实力和勘察能力
信誉口碑	通过向同行、业主等了解勘察单位的信誉和口碑情况，包括是否按时完成项目、是否遵守合同约定、服务质量如何等。良好的信誉和口碑是单位长期诚信经营和优质服务的体现，选择这样的单位可以降低项目风险。例如，在业内口碑良好、很少出现纠纷的单位更值得信赖	3 分	信誉口碑有助于保障项目的顺利实施和双方的合作关系

二、勘察前准备

签订合同后的首要任务是明确项目责任主体，由委托方与承接方确认后，选派具备注册岩土工程师资格且具有同类项目经验的工程技术负责人。负责人需组织召开项目启动会，明确团队分工，包括地质勘探组、测量组、设备保障组等，各组人员须具备相应岗位证书，如地质勘探人员需持有岩土工程勘察岗位培训合格证，测量人员需持有工程测量员职业资格证书。人员准备完成后，全面筹备物资与仪器设备。物资方面需准备现场记录表、坐标控制点资料、地形地貌图等纸质文档以及平板电脑、GPS 定位仪等电子设备；仪器设备需包括钻机、标准贯入试验设备、静力触探仪、原位测试探头等。所有设备需在进场前完成校准，校准记录需由设备管理员签字确认，确保测试数据的准确性。工程技术负责人主导的勘察纲要的编写需遵循系统性原则，内容需涵盖项目基本信息、勘察阶段及对应目的、自然条件、勘察方案、进度计划、资源需求等，附图需标注勘探点坐标、测量控制点位置及主要建筑物轮廓。

三、现场勘察与测试

现场勘察与测试需严格按照勘察纲要中确定的技术参数执行，钻探作业时需控制钻进速度，确保岩芯采取率；原位测试中静力触探需保持贯入速率 1.2m/min，每 10cm 记录一次锥尖阻力与侧壁摩阻力；标准贯入试验需保证落锤自由下落，记录贯入 30cm 的锤击数，每次试验后清理探杆内残留土样，避免影响后续测试数据。

测试过程中需实时记录原始数据，记录内容包括时间、天气状况、钻探深度、岩芯描述、测试指标，记录人员需采用双签制度，由操作员与复核员共同签字确认，原始记录不得涂改，若需更正需划改并加盖记录章，确保数据可追溯性。质量控制需贯穿现场工作全过程，钻探孔位偏差需控制在设计孔位±0.5m 范围内，孔深误差≤0.1m；原位测试设备每完成 5 个测试点需进行一次校准，校准结果与初始值偏差＞5％时需停止作业并排查原因；每日收工前由技术负责人检查当日完成的工作量与质量，形成检查日志，未达标的工序需在次日补测或重新钻探。

四、室内试验

室内试验项目的确定需结合场地工程地质条件与设计需求，一般包括物理性质试验、力学性质试验、水理性质试验，特殊土需增加湿陷性、膨胀性等专项试验，试验项目清单需由技术负责人审核，确保覆盖所有关键参数，避免遗漏影响评价结论。试验操作需严格遵循《土工试验方法标准》(GB/T 50123—2019)，含水率测试采用烘干法，密度测试采用环刀法，抗剪强度试验采用直剪仪，试验过程中需控制环境温湿度，避免外界因素干扰试验结果。试验数据整理需采用专用软件进行统计分析，计算平均值、标准差、变异系数，剔除离散性过大的数据，最终提供代表性参数，数据报告需包含试验方法、仪器型号、操作时间、操作人员等信息，经试验负责人与技术负责人双重审核，确保数据真实性与可靠性。

五、勘察资料整理与报告编写

勘察资料整理需按类别分类，包括外业资料、室内试验资料、测量资料，分类后需建立电子档案与纸质档案双备份，电子档案采用 PDF 格式，纸质档案按 A4 规格装订，编号规则为"项目编号-资料类别-序号"，确保资料可快速检索。

报告编写需遵循《岩土工程勘察规范》(GB 50021—2001，2009 年版) 的结构要求，包括绪论、工程地质条件、岩土参数分析、工程地质评价、结论与建议，文字表述需严谨，数据引用需注明来源。报告审核实行三级审核制度，一级审核由项目负责人完成，二级审核由技术部门负责人完成，三级审核由总工程师完成，审核过程需记录修改意见，修改后需重新审核，直至通过所有层级审核方可提交委托单位。

第四节　岩土工程勘察前期工作

一、编制岩土工程勘察投标文件

（一）岩土工程勘察投标文件编制要点

岩土工程勘察投标文件编制要求：细致全面、准确快捷，对招标文件的理解和响应不允许有任何偏差或疏漏。投标文件是评标的主要依据，对投标人中标与否起着极其重要的作用。所以，在岩土工程勘察投标文件编制之前，要认真学习招标文件，熟悉所要投标工程项目的地理位置、交通运输、供水等环境条件，了解工程项目的工作内容、工作量（招标文件上的工作量清单）、工作期限及各种要求。

（二）岩土工程勘察投标文件编制流程

勘察投标文件的一般编制流程如图 1-1 所示。

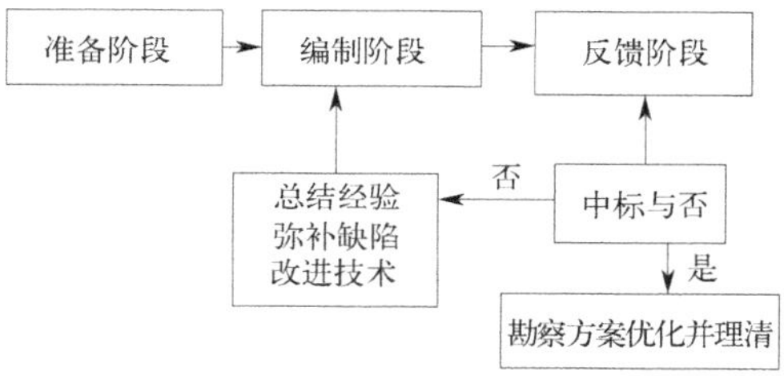

图 1-1　勘察投标文件的一般编制流程

1. 准备阶段

勘察投标文件准备阶段的详细内容如图 1-2 所示。

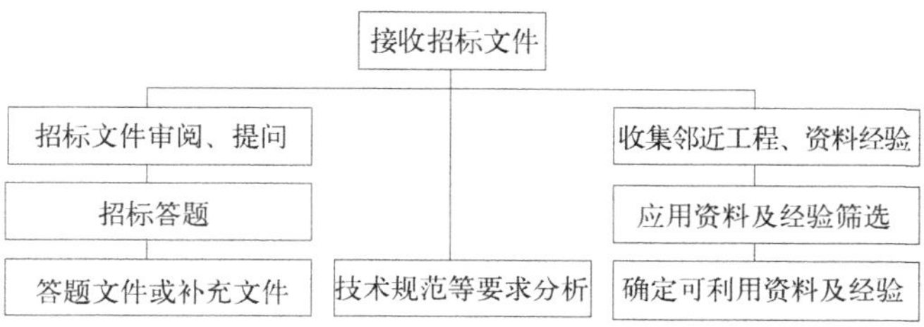

图 1-2　勘察投标文件准备阶段的详细内容

准备阶段要注意：招标文件本身前后是否矛盾；招标文件要求与技术规范要求是否一致；工程地质资料及工程经验的收集、分析与利用应体现邻近原则、地质单元相同原则，应与投标项目基础设计方案有可比性；遵守国家标准、行业标准、地方和企业标准及法律法规、相关规定和制度；工程经验分析与利用坚持类同原则，注意收集、摘录、分析、总结各类工程实践经验、各类设计概况及其技术要求，分析、反算各类测试、检测结果等资料，并进行有效的岩土条件反分析。

2. 编制阶段

土性分析及岩土条件分析应根据投标项目性质及勘察设计技术要求有所侧重。拟建建筑物性质分析应结合工程经验分析各类建（构）筑物适宜的基础形式的可能性（如天然地基、地基处理、桩基等）。地基基础预分析应结合勘察、设计等工程经济性进行分析，并兼顾招标文件中的勘察设计技术要求，确定并建议适宜的基础方案或基础形式，提出预分析结论。勘察方案制定应符合勘察规范要求，做到安全、经济、合理，勘察资源配置及勘察进度应紧凑和协调，满足招标文件要求。若招标文件要求不合理时，则应提出合理的方案并进行具体解释。

各项施工措施及技术质量管理措施必须齐全，符合相关技术规范要求，同时必须体现本单位技术、质量管理优势与特长和体系的完备性与合理性。勘察报告书章节及主要内容应抓住主要问题，针对本项目可能的特殊情况应扩展和细化；除列出条目外，还应列出简要说明，个别特殊性要求和子项还应进行说明。勘察费用预算及报价应符合计费标准要求，当报价偏高或偏低且有要求时，应进行适当的技术处理，力求报价在合理计费标准前提下的适当范围之内。勘探孔平面布置图应符合勘察技术规范及相关制图规定的要求，做到清晰美观、重点突出。

3. 反馈阶段

反馈阶段的工作要求如下。

（1）收集评标意见及优化建议并分析，主要注意是否存在以下问题：地质资料及工程经验收集与应用不合理；预分析欠缺、不足或深度不够，或预分析漏项；基础预分析估算不合理，造成勘察方案依据不充分；压缩层厚度计算有误，造成控制性钻孔孔深不足；勘察方案的经济合理性较差；各项技术措施不全，或违反相关技术规范的规定；资源配置不合理，或工期违反招标文件规定；计费标准明显有误，造成勘察费用报价不合理；各项服务措施不能满足业主或招标文件的特殊要求；投标文件编制校审及印制粗糙、错漏较多或缺页等；勘探孔平面布置图凌乱，标识不清晰难以辨别。

（2）投标文件优缺点自我剖析：对照评标意见及中标标书优化意见，对自身投标文件进行优缺点分析，找出不足与缺点。

（3）中标勘察方案优化及实施勘察方案制定：按中标优化意见对投标勘察方案进行优化，并按优化后的勘察方案实施。

（4）未中标勘察方案的技术原因分析：对照“评标意见及优化建议”中可能存在的问题进行技术原因分析，找出技术原因、技术缺陷、工程经验不足等，总结需要提高的各个方面的技术。

二、签订岩土工程勘察合同

经国家或主管部门批准的计划任务书和选址报告，是签订建设工程勘察合同和设计合同的前提。

（一）计划任务书

计划任务书是确定建设项目、编制设计文件的主要依据，其主要内容包括：建设的目的和根据，建设规模和产品方案，生产方法和工艺流程，资源的综合利用，建设地区和占用土地，防空和防震要求，建设工程期限和投资控制数，劳动定员和技术水平等。重大水利枢纽、水电站、大矿区、铁路干线、远距离输油、输气管道计划任务书还应有相应的流程规划、区域规划、路网规划、管网规划等。

（二）选择具体建设地点的报告

计划任务书和选址报告是勘察设计的基础资料，这些资料经国家或主管部门批准后，建设单位才能向勘察设计单位发出要约，勘察设计单位接到要约后要对计划任务书进行审查，认为有能力完成此任务的，方可签订合同。

（三）勘察合同的签订条件

（1）工程初步设计总概算已通过国家或主管部门的审批，且投资计划与物资需求计划已编制完成，确保勘察工作具备合法的资金与资源保障。

（2）建设工程主管部门已指定具有法人资格的单位作为合同主体，能够独立享有和承担勘察合同的权利与义务。

（3）承接勘察任务的单位须具备法人资格，拥有与项目规模相匹配的勘察设备、专业技术团队及工程经验，对于国家重点工程，还须符合国家规定的资质标准，确保按期完成勘察任务并提交合格成果，为后续设计与施工提供可靠依据。

（四）发包人的权利与义务

1. 发包人的权利

（1）发包人在不妨碍承包人正常作业的情况下，可以随时对作业进度和质量进行检查。

（2）承包人没有通知发包人检查，自行隐蔽工程的，发包人有权检查。

（3）发包人在建设工程竣工后，应根据施工图纸及说明书、国家颁布的施工验收规范和质量检验标准进行验收。

（4）发包人对因承包人的原因致使建设工程质量不符合约定的，有权要求承包人在合理期限内无偿修理、返工或者改建。

2. 发包人的义务

（1）发包人应当按照合同约定支付价款并且接收该建设工程。

（2）未经验收或验收不合格的建设工程，发包人不得使用。发包人擅自使用未经验收的建设工程，发现质量问题的，由发包人承担责任。

（3）因发包人的原因致使工程中途停建、缓建的，发包人应当采取措施弥补或者减少损失，赔偿承包人因此造成的停工、窝工、倒运、机械设备、调迁材料和构件积压等损失和实际费用。

（4）由于发包方变更计划，提供的材料不准确，或者未按照期限提供必需的勘察、设计工作条件而造成勘察、设计的返工、停工或者修改设计，发包人应当按照勘察人、设计人实际消耗的工作量增付费用。

第五节　岩土工程勘察成果编制

一、岩土工程勘察成果编制具体要求

岩土工程勘察报告应根据任务要求、勘察阶段、工程特点和拟建场地岩土工程条件，针对主要岩土工程问题，通过对原始勘察资料的整理、检查和分析，提出资料真实、结构完整、工程针对性强、评价合理、结论可靠、建议可行、能满足阶段设计要求的岩土工程勘察报告。勘察报告应包括下列内容：拟建工程概况、岩土工程勘察等级；勘察目的、任务要求和依据的技术标准；勘察方法和勘察工作布置；场地地形、地貌、地层、地质构造、岩土性质及其均匀性；场地各岩土层的物理力学性质指标，设计所需的岩土参数；地下水埋藏情况、类型、水位及其变化，需要进行地下水控制时应提供相关水文地质参数；土和水对建筑材料的腐蚀性分析；不良地质作用对工程稳定性及危害程度的影响分析与评价；场地地震效应评价；场地稳定性和适宜性评价；地基基础分析与评价；基坑或边坡工程及其与周围环境的相互影响评价；地质条件对工程可能造成的风险；结论与建议；相关图表。

岩土工程勘察成果编制所依据的原始资料应完整、真实、可靠，所使用的术语、符号和计量单位等均应符合国家有关标准的规定。岩土工程勘察报告应包括封面、责任页、目录、岩土工程勘察报告文字部分、图表和附件。责任页应包括岩土工程勘察报告名称、勘察阶段、勘察单位名称、单位资质等级及编号、工程编号、相关责任人签字和签章、提交日期等内容。

二、岩土工程勘察报告文字部分

岩土工程勘察报告文字部分的具体编制要求如下。

（1）勘察报告应根据业主或设计单位提出的勘察任务书，结合拟建物特点、勘察阶段、场地岩土工程条件、周边环境信息等具体情况有针对性地编写。当岩土工程勘察等级为丙级或地形地貌简单、岩土种类单一的场地时，勘察报告内容可适当简化，以图表为主，辅以必要的文字说明。

（2）应根据勘探资料对场地地形、地貌特征、岩土层的工程性状分别进行描述。根据其分布规律、地基均匀性和工程特性进行定量和定性的分析和评价。

（3）应阐明场地地下水的类型、埋藏条件、地下水位、水位变化幅度，并提供设计、施工所需的有关水文地质参数。应进行建（构）筑物抗浮评价。应评价地下水、土对混凝土及混凝土结构中钢筋的腐蚀性等。

（4）进行场地地震效应评价时，应对建筑场地的抗震性能、地震基本烈度、场地类别、设计基本地震加速度、设计地震分组等进行划分；对可能产生液化和软土震陷作用的地层应进行判别，并计算其液化指数；对场地和地基的地震稳定性（如滑坡、崩塌、液化、震陷特性及横向扩展等）进行评价；对可能产生砂土液化和软土震陷的地基提出抗液化和消除震陷的措施建议。

（5）应根据场地工程地质和水文地质条件，针对拟建工程特性，对可能采用的地基基础方案进行分析和评价，提供设计、施工所需的各种参数，对地基承载力进行计算，对地基变形特征进行预测。

（6）基础形式、基础持力层的选择应从经济、质量、工期、施工技术的可行性以及对周边环境的影响等方面进行对比分析。

（7）应对基础施工、基坑支护等施工中可能出现的岩土工程问题和施工病害进行预测，并提出防治措施和检测、监测建议。

（8）应根据场地地质条件结合边坡及基坑支护情况、土方开挖情况和地下水控制措施，分析可能引发的边坡失稳、基坑失稳、地下水位降低、管涌、流砂、突涌等对工程和周边环境可能造成的风险，提出相应措施和建议。

三、图表及附件

岩土工程勘察成果编制的图件和附件相关要求如下。

（1）岩土工程勘察成果编制的图件和附件应与报告内容一致。

（2）岩土工程勘察报告可根据需要选附下列图表：各种分区图，各种等深线图和等厚线图，典型钻孔柱状图，区域地质图，岩土工程设计、分析的有关图表，其他需要的图表。

（3）勘探点一览表应包括下列内容。

① 勘探点类型、编号、孔口标高、孔深、地下水位（初见水位、稳定水位）的深度和标高。

② 取样数量（原状、扰动）、原位测试工作量。

③ 勘探点坐标。

（4）建筑物与勘探点平面布置图应符合下列要求。

① 标明坐标系统、高程引测点、正北或磁北方向、比例尺、图例。

② 标明拟建建筑物和已建建筑物的轮廓线以及它们和红线之间的关系，建筑物的层数（或高度）及其名称和编号，拟定的场地整平标高，当勘察场地地形起伏较大时，应有地形等高线。

③ 标明勘探点、原位测试点、取样点的位置、类型、编号和高程。

④ 标明剖面线的位置和编号；勘探点和剖面线编号应遵循自上而下、从左至右的原则。

⑤ 标明建设场地和周边主要地下管线、对工程不利的地下埋藏物和不良地质现象的平面位置。

（5）编制工程地质剖面图应符合下列要求。

① 剖面线应尽可能与基础轴线方向一致，剖面方向应按平面图上的位置从左至右、自上而下排列。

② 标明勘探点位置、勘探点编号、勘探点标高、勘探点间距、勘探点深度、分层深度或层底标高、取样位置、原位测试位置和测试成果、标高参照系尺度，标高参照系尺度应列于图的左侧。

③ 标明地下水稳定水位线，各种地质构造、地质界面、各种不良地质体、地表水体及其他埋藏物的位置、埋深、大小和产状等。

④ 各岩土层的定名、分层必须与报告书中的文字一致，并标注各岩土层的编号、名称和图例。

⑤ 垂直与水平比例尺应选择恰当，应能反映出土层沿剖面图方向在深度和广度上的变化情况。

（6）编制钻孔柱状图应符合下列要求。

① 标明钻孔编号、直径、深度、钻探日期和孔口标高等。

② 标明地层编号、年代和成因，层底深度、标高、层厚，取样及原位测试位置，岩土描述、地下水位、测试成果，岩心采取率或岩石质量指标 RQD（对于岩石）等。

③ 标明钻孔位置坐标。

（7）编制原位测试成果图表应符合下列要求。

① 应有测试点编号、地面高程、测试深度、岩土名称、地下水位、测试时间。

② 应有测试数据及其与测试深度的关系曲线。

③ 水平比例尺和垂直比例尺宜与剖面图一致。

（8）室内土工试验成果应汇总成表，编制土工试验汇总表应符合下列要求。

① 应包含工程项目名称、工程编号、土样编号、取土深度、岩土名称、土层代码、颗粒组成、含水量、密度、相对密度、天然孔隙比、饱和度、液限、塑限、液性指数、塑性指数、砂类土的水上及水下坡角、固结强度、压缩强度、抗剪强度试验成果等内容。

② 各栏土的指标均应标明名称、符号、计量单位，压缩系数和压缩模量应注明压力段范围，抗剪强度指标应注明试验方法。

③ 应标明试验员、计算人、校对人和审核人，汇总时间（年、月、日）等。

（9）编制室内特殊试验项目成果图、表，应符合下列要求。

① 高压固结试验成果图表应有不同压力下的孔隙比值，e-lg$p$ 曲线图，先期固结压力、压缩指数和回弹指数。

② 三轴剪切试验应提供主应力差和轴向应变关系曲线、摩尔圆和强度包络线图，必要时，尚应提供主应力比与轴向应变关系曲线，孔隙水压力或体积应变与轴向应变关系曲线、应力路径曲线。

③ 应标明试验员、计算人、校对人和审核人，制图、制表时间（年、月、日）等。

第二章
岩土工程现场勘察

第一节　工程地质测绘与调查

一、工程地质测绘及调查的范围

工程地质测绘不像一般的区域地质或区域水文地质测绘那样，严格按比例尺大小由地理坐标确定测绘范围，而是根据拟建建筑物的需要在与该项工程活动有关的范围内进行。原则上要求工程地质测绘和调查的范围应以能解决工程实际问题为前提，测绘范围应包括场地及其邻近的地段。对于大、中比例尺的工程地质测绘，多以建筑物为中心，其区域往往为方形或矩形。如果是线形建筑（如公路、铁路路基和坝基等），则其范围应为带状，其宽度应包含建筑物的所有影响范围。

适宜的测绘范围应既能较好地查明场地的工程地质条件，又不至于浪费勘察工作量。对于确定测绘范围来说，最为重要的是看划定的测区范围是否能够满足查清测区内对工程可能产生重要影响的地质结构条件的要求。如某一工程正处于山区山洪、泥石流的堆积区，此时如仅以建筑物为核心划定测绘调查范围，则很有可能搞不清山洪、泥石流的发育规律。因此，在这种条件下，即使补给区再远也要将其纳入测绘范围。根据实践经验，应由拟建建筑物的类型和规模、设计阶段、工程地质条件的复杂程度和研究程度来确定测绘范围。

建筑物的类型、规模不同，与自然地质环境相互作用的程度和强度也就不同，确定测绘范围时首先应考虑到这一点。例如，大型水利枢纽工程的兴建由于水位和水文地质条件急剧改变，往往引起大范围自然地理和地质条件的变化，这一变化甚至会导致生态环境的破坏，并影响水利工程本身的效益及稳定性。此类建筑物的测绘范围必然很大，应包括水库上、下游的一定范围，甚至上游的分水岭地段和下游的河口地段都需要进行调查。房屋建筑和构筑物一般仅在小范围内与自然地质环境发生作用，通常不需要进行大面积的工程地质测绘。

工程地质测绘范围是随着设计阶段（即岩土工程勘察阶段）的深入而缩小的。在工程处于初期设计阶段时，为了选择建筑场地，一般都有若干个比较方案，它们相互之间有一定的距离。为了进行技术经济论证和方案比较，应把这些方案所涉及的场地包括在同一测绘范围内，测绘范围显然是比较大的。但当建筑场地选定之后，尤其是在设计的后期阶段，各建筑物的具体位置和尺寸均已确定，就只需在建筑地段的较小范围内进行大比例尺的工程地质测绘。

工程地质条件越复杂，研究程度越低，工程地质测绘范围就越大。工程地质条件复杂程度包含两种情况。一种情况是场地内工程地质条件非常复杂。例如，构造变动强烈，有活动断裂分布；不良地质作用强烈发育；地质环境遭到严重破坏；地形地貌条件十分复杂。另一种情况是场地内工程地质条件比较简单，但场地附近有危及建筑物安全的不良地质作用存在。如山区的城镇和厂矿企业往往兴建于地形比较平坦开阔的洪积扇上，对场地本身来说工程地质条件并不复杂，但一旦泥石流暴发则有可能摧毁建筑物。此时，工程地质测绘范围应将泥石流形成区包括在内。又如位于河流、湖泊、水库岸边的房屋建筑，场地附近若有大型滑坡存在，当其突然失稳滑落时所激起的涌浪可能会导致灭顶之灾。显然，工程地质测绘时，应详细调查该滑坡的情况。这两种情况都必须适当扩大工程地质测绘的范围。

布置测区的测绘范围时，必须充分考虑测区主要构造线的影响，如对于隧道工程，其测绘和调查范围应当随地质构造线（如断层、破碎带、软弱岩层界面等）的不同而采取不同的布置，在包括隧道建筑区的前提下，测区应保证沿构造线有一定范围的延伸。如果不这样做，就可能对测区内许多重要地质问题了解不清，从而给工程安全带来隐患。

此外，在拟建场地或其邻近地段内如果已有其他地质研究成果，应充分运用它们，在经过分析、验证后做一些必要的专项问题研究，此时工程地质测绘的范围和相应的工作量应酌情减少。

二、工程地质测绘和调查的比例尺

工程地质测绘和调查应紧密结合工程建设规划、设计要求进行。工程地质测绘比例尺的选择主要取决于建筑物类型、设计阶段和工程建筑所在地区工程地质条件的复杂程度以及研究程度。建筑物设计的初期阶段属选址性质的，往往有若干个比较场地，测绘范围较大，而对工程地质条件研究的详细程度并不高，所以采用的比例尺较小。但是，随着设计阶段的推进，建筑场地的位置越来越具体，范围越来越小，对地质条件的详细程度要求越来越高，所以，所采用的测绘比例尺就需要逐步加大。当进入设计后期阶段时，为了解决与施工、运行有关的专门工程地质问题，所选用的测绘比例尺可以很大。在同一设计阶段内，比例尺的选择则取决于场地工程地质条件的复杂程度以及建筑物的类型、规模及重要性。工程地质条件复杂、建筑物规模巨大而又重要的，就需采用较大的测绘比例尺。总之，各设计阶段所采用的测绘比例尺都限定在一定的范围之内。

工程地质测绘的比例尺一般分为以下三种。

（1）小比例尺(1：50000)～(1：5000)，一般用于可行性研究勘察阶段，目的是了解区域性的工程地质条件和为更详细的工程地质勘测工作确定方向。

（2）中比例尺(1：10000)～(1：2000)，一般用于初步勘察阶段，主要用于新兴城市的总体规划、大型工矿企业的布置、水工建筑物选址、铁路及公路工程的选线阶段。

（3）大比例尺(1：2000)～(1：500)，一般用于详细勘察阶段，目的在于为最后确定建筑物结构或基础的形式以及选择合理的施工方式服务。需要说明的是，上述比例尺的规定不是一成不变的，在具体确定测绘比例尺时，一般应综合考虑以下三个方面的因素：岩土工程勘察阶段、建筑物的规模及类型、工程地质条件的复杂程度及区域研究程度。在勘察阶段高、建筑规模大、工程地质条件复杂的测区，若存在对拟建工程有重要影响的地质单元（如滑坡、断层、软弱夹层、洞穴等），应适当加大测绘比例尺，反之则可以适当减小测绘比例尺。

三、工程地质测绘和调查的精度

工程地质测绘和调查的精度包括野外观察、调查、描述各种工程地质条件的详细程度和各种地质条件（如岩层、地貌单元、自然地质现象、工程地质现象等）在地形底图上表示的详细程度和精确程度。显然，这些精度必须与图的比例尺相适应。

野外观察、调查、描述各种地质条件的详细程度在传统意义上用单位测试面积上的观测点数目和观测路线长度来控制。不论其比例尺多大，都以图上每 1cm^2 内一个点来控制平均观测点数目。当然其布置不是均布的，而应是复杂地段多些，简单地段少些，且都应布置在关键点上。例如，各种单元的界线点、泉点、自然地质现象点或工程地质现象点等。测绘比例尺增大、观测点数目增多而天然露头不足，则必须以人工露头来补充，所以测绘时须进行剥土、探槽、试坑等小型勘探工程。地质观测点的数量以能控制重要的地质界线并能说明工程地质条件为原则，以利于岩土工程评价。为此，要求将地质观测点布置在地质构造线、地层接触线、岩性分界线、不同地貌单元及微地貌单元的分界线、地下水露头以及各种不良地质作用分布的地段。观测点的密度应根据测绘区的地质和地貌条件、成图比例尺及工程特点等确定。一般控制在图上的距离为 2～5cm。例如，在 1：5000 的图上，地质观测点实际距离应控制在 100～250m。此控制距离可根据测绘区内工程地质条件复杂程度的差异结合对具体工程的影响适当加密或放宽。在该距离内应做沿途观察，将点、线观察结合起来，以克服只孤立地做点上观察而忽视沿途观察的倾向。当测绘区的地层岩性、地质构造和地貌条件较简单时，可适当布置“岩性控制点”，以备检验。地质观测点布置是否合理，是否具有代表性，对于成图的质量及岩土工程评价具有至关重要的影响。《岩土工程勘察规范》(GB 50021—2001，2009 年版）中对地质观测点的布置、密度和定位要求如下。

（1）在地质构造线、地层接触线、岩性分界线、标准层位和每个地质单元体均应有地质观测点。

（2）地质观测点的密度应根据场地的地貌、地质条件、成图比例尺和工程要求等确定，并应具有代表性。

（3）地质观测点应充分利用天然露头和已有的人工露头，当露头少时，应根据具体情况布设一定数量的探坑或探槽。

（4）地质观测点的定位应根据精度要求选用适当方法；地质构造线、地层接触线、岩性分界线、软弱夹层、地下水露头和不良地质作用等特殊地质观测点，宜用仪器定位。为了保证各种地质现象在图上表示的准确程度，《岩土工程勘察规范》（GB 50021—2001，2009 年版）要求地质界线和地质观测点的测绘精度在图上应小于 3mm；水利、水电、铁路等系统要求小于 2mm。

四、工程地质测绘和调查的内容

（一）地形地貌

查明地形、地貌特征及其与地层、构造、不良地质作用的关系，划分地貌单元。地形、地貌与岩性、地质构造、第四纪地质、新构造运动、水文地质以及各种不良地质作用的关系密切。研究地貌可借以判断岩性、地质构造及新构造运动的性质和规模，弄清第四纪沉积物的成因类型和结构，了解各种不良地质作用的分布和发展演化历史、河流发育史等。需要指出的是，由于第四纪地质与地貌的关系密切，因此在平原区、山麓地带、山间盆地以及有松散沉积物覆盖的丘陵区进行工程地质测绘时，应着重于地貌研究，并以地貌作为工程地质分区的基础。工程地质测绘中地貌研究的内容包括：分析地貌形态特征、分布和成因；划分地貌单元，分析地貌单元的形成与岩性、地质构造及不良地质作用等的关系；明确各种地貌形态和地貌单元的发展演化历史。上述各项研究内容大多是在小、中比例尺测绘中进行的。在大比例尺工程地质测绘中，则应侧重于微地貌与工程建筑物布置以及岩土工程设计、施工的关系等方面的研究。洪积地貌和冲积地貌这两种地貌形态与岩土工程实践关系密切。

（二）地层岩性

地层岩性是工程地质条件最基本的要素和研究各种地质现象的基础，是工程地质测绘的主要研究内容。工程地质测绘对地层岩性研究的内容包括：确定地层的时代和填图单位；确定各类岩土层的分布、岩性、岩相及成因类型；确定岩土层的正常层序、接触关系、厚度及其变化规律；确定岩土的工程性质等。在不同比例尺的工程地质测绘中，地层时代的确定可直接利用已有的成果。若无地层时代资料，应寻找标准化石，做孢子花粉分析来确定地层年代。填图单位应按比例尺的大小来确定。小比例尺工程地质测绘的填图单位与一般地质测绘相同。但是中、大比例尺小面积测绘时，测绘区出露的地层往往只有一个“组”“段”，甚至一个“带”的地层单位，按一般地层学方法划分填图单位不能满足岩土工程评价的需要，应按岩性和工程性质的差异等做进一步划分。例如，砂岩、灰岩中的泥岩、页岩夹层，硬塑黏性土中的淤泥质土，它们的岩性和工程性质迥异，必须单独划分出来。确定填图单元时，应注意寻找标志层。所谓“标志层”，是指岩性、岩相、层位和厚度都较稳定，且颜色、成分和结构等具有特征标志，地面露出较好的岩土层。

（三）地质构造与地应力

1. 地质构造

地质构造是影响工程建设的区域地壳稳定性、建筑场地稳定性和工程岩土体稳定性极其重要的因素，而且它又控制着地形地貌、水文地质条件和不良地质作用的发育和分布。所以，地质构造常常是工程地质测绘研究的重要内容。工程地质测绘对地质构造研究的内容包括：岩层的产状及各种构造形式的分布、形态和规模；软弱结构面（带）的产状及其性质，包括断层的位置、类型、产状、断距、破碎带宽度及充填胶结情况；岩土层各种接触面及各类构造岩的工程特性；晚、近期构造活动的形迹、特点及与地震活动的关系等。

2. 地应力

地应力对地壳稳定性评价和地下工程的设计和施工具有重要意义。地应力在地下的分布可分为三个带，即卸荷带、应力集中带和地应力稳定带。一个地区的地应力高低在地质上是有标志的，即存在高地应力地区和低地应力地区的地质标志。

（四）水文地质条件

在工程地质测绘过程中对水文地质条件的研究，应从地层岩性、地质构造地貌特征和地下水露头的分布、类型、水量、水质等入手，并结合必要的勘探测试工作，查明测区内地下水的类型、分布情况和埋藏条件；含水层、透水层和隔水层（相对隔水层）的分布，各含水层的富水性和它们之间的水力联系；地下水的补给、径流、排泄条件及动态变化；地下水与地表水之间的补、排关系；地下水的物理性质和化学成分等。在此基础上分析水文地质条件对岩土工程实践的影响。

（五）不良地质作用

研究不良地质作用的目的，是为了评价建筑场地的稳定性，并预测其对各类岩土工程的不良影响。由于不良地质作用直接影响建筑物的安全、经济和正常使用，所以工程地质测绘时对测区内影响工程建设的各种不良地质作用必须详加研究。研究不良地质作用要以地层岩性、地质构造、地貌和水文地质条件的研究为基础，并收集气象、水文等自然地理因素资料。研究内容包括各种不良地质作用（岩溶、滑坡、崩塌、泥石流、冲沟、河流冲刷、岩石风化等）的分布、形态、规模、类型和发育程度，分析它们的形成机制和发展演化趋势，并预测其对工程建设的影响。

（六）人类工程活动

测区内或测区附近人类的某些工程活动，往往影响建筑场地的稳定性。例如人工洞穴，地下采空，大挖大填，抽（排）水和水库蓄水引起的地面沉降、地表塌陷、诱发地震，渠道渗漏引起的斜坡失稳等，都会给场地稳定性带来不利影响，因此对它们的调查应予以重视。此外，场地内如有古文化遗迹和古文物，应妥善保护、发掘，并向有关部门报告。

（七）已有建筑物

测区内或测区附近已有建筑物与地质环境关系的调查研究，是工程地质测绘中特殊的研究内容。因为某一地质环境内已兴建的任何建筑物对拟建建筑物来说，均应看作是一项重要的原型试验，往往可以获取很多在理论和实践两方面都极有价值的资料，甚至较之用勘探、测试手段所取得的资料更为宝贵。应选择不同的地质环境（良好的、不良的）中不同类型、结构的建筑物，调查其有无变形、破坏的征兆，并详细分析其原因，以判明建筑物对地质环境的适应性。通过详细的调查分析后，就可以具体地评价建筑场地的工程地质条件，对拟建建筑物可能的变形、破坏情况做出正确预测，并采取相应的防治对策和措施。特别需要强调的是，在不良地质环境或特殊性岩土的建筑场地，应充分调查了解当地的建筑经验，包括建筑结构、基础方案、地基处理和场地整治等方面的经验。

第二节　岩土工程勘察钻探与取样

一、相关规定

当需查明岩土的性质和分布，采取岩土试样或进行原位测试时，可采用的勘探方法包括钻探、井探、槽探、洞探和地球物理勘探等。勘探方法的选取应符合勘察目的和岩土的特性。布置勘探工作时应考虑勘探对工程及自然环境的影响，防止对地下管线、地下工程和自然环境的破坏。钻孔、探井和探槽完工后应妥善回填。静力触探、动力触探作为勘探手段时，应与钻探等其他勘探方法配合使用。进行钻探、井探、槽探和洞探时，应采取有效措施，确保施工安全。

为达到理想的技术经济效果，宜将多种勘探手段配合使用，如钻探加触探、钻探加地球物理勘探等。钻孔和探井如不妥善回填，可能造成对自然环境的破坏。这种破坏往往在短期内或局部范围内不易察觉，但可能引起严重后果。因此，一般情况下钻孔、探井和探槽均应回填，且应分段回填夯实。钻探和触探各有优缺点，二者有互补性，配合使用能取得良好的效果。触探的力学分层直观而连续，但单纯的触探由于其多解性容易造成误判。如以触探为主要勘探手段，除了有丰富经验的地区外，一般均应有一定数量的钻孔配合。

二、钻探

钻探方法可根据岩土类别和勘察要求按表 2-1 选用，相关要求如下。

表 2-1　钻探方法的适用范围

钻探方法		钻进地层					勘察要求	
		黏性土	粉土	砂土	碎石土	岩石	直观鉴别、采取不扰动试样	直观鉴别、采取扰动试样
回转	螺旋钻探	++	+	+	—	—	++	++
	无岩芯钻探	++	++	++	++	++	—	—
	岩芯钻探	++	++	++	++	++	++	++
冲击	冲击钻探	—	+	++	++	—	—	—
	锤击钻探	++	++	++	+	—	++	—+
振动钻探		++	++	++	+	—	+	—+
冲洗钻探		+	++	++	—	—	—	—

注：++表示适用；+表示部分适用；—表示不适用。

（1）勘探浅部土层可采用下列钻探方法：小口径麻花钻（或提土钻）钻进、小口径勺形钻钻进、洛阳铲钻进。钻探孔径和钻具规格应符合现行国家标准的规定。成孔孔径应满足取样、测试和钻进工艺的要求。钻探应符合下列规定。

① 钻进深度和岩土分层深度的量测精度，应控制在±5cm 以内。

② 应严格控制非连续取芯钻进的回次进尺，使分层精度符合要求。

③ 对鉴别地层天然湿度的钻孔，在地下水位以上应进行干钻；当必须加水或使用循环液时，应采用双层岩芯管钻进。

④ 岩芯钻探的岩芯采取率，对完整和较完整岩体不应低于 80%，较破碎和破碎岩体不应低于 65%；对需重点查明的部位（滑动带、软弱夹层等）应采用双层岩芯管连续取芯。

⑤ 当需确定 RQD（岩石质量指标）时，应采用 75mm 口径（N 型）双层岩芯管和金刚石钻头。

（2）钻探操作的具体方法应按现行标准《建筑工程地质勘探与取样技术规程》（JGJ/T 87—2012）执行。

（3）钻孔的记录和编录应符合下列要求。

① 野外记录应由经过专业训练的人员承担；记录应真实及时，按钻进回次逐段填写，严禁事后追记。

② 钻探现场可采用肉眼鉴别和手触方法，有条件或勘察工作有明确要求时，可采用微型贯入仪等定量化、标准化的方法。

③ 钻探成果可用钻孔野外柱状图或分层记录表示；岩土芯样可根据工程要求保存一定期限或长期保存，亦可拍摄岩芯、土芯彩照纳入勘察成果资料。

三、井探、槽探和洞探

当钻探方法难以准确查明地下情况时，可采用探井、探槽进行勘探。在坝址、地下工程、大型边坡等勘察中，当需详细查明深部岩层性质、构造特征时，可采用竖井或平洞。探井的深度不宜超过地下水位。竖井和平洞的深度、长度、断面按工程要求确定。对探井、探槽和探洞除文字描述记录外，尚应以剖面图展示图等反映井、槽、洞壁和底部的岩性、地层分界、构造特征、取样和原位试验位置，并辅以代表性部位的彩色照片。

四、岩土试样的采取

（一）岩土试样的采取的一般规定

土试样的质量应根据试验目的按表 2-2 分为四个等级。

表 2-2　土试样的质量等级

级别	扰动程度	试验内容
Ⅰ	不扰动	土类定名、含水量、密度、强度、固结
Ⅱ	轻微扰动	土类定名、含水量、密度
Ⅲ	显著扰动	土类定名、含水量
Ⅳ	完全扰动	土类定名

注：不扰动是指原位应力状态虽已改变，但土的结构、密度和含水量变化很小，能满足室内试验各项要求；除地基基础设计等级为甲级的工程外，在工程技术要求允许的情况下可用Ⅱ级土试样进行强度和固结试验，但宜先对土试样受扰动程度做抽样鉴定，判定用于试验的适宜性，并结合地区经验使用试验成果。

试样采取的工具和方法可按表 2-3 选择。

表 2-3　不同等级土试样的取样工具和方法

等级	取样工具和方法		适用土类										
			黏性土					粉土	砂土				砾砂、碎石土、软岩
			流塑	软塑	可塑	硬塑	坚硬		粉砂	细砂	中砂	粗砂	
Ⅰ	薄壁取土器	固定活塞	++	++	+	—	—	+	+	—	—	—	—
		水压固定活塞	++	++	+	—	—	+	+	—	—	—	—
		自由活塞	—	+	++	—	—	+	+	—	—	—	—
		敞口	+	+	+	—	—	+	+	—	—	—	—
	回转取土器	单动三重管	—	+	++	++	+	++	++	++	—	—	—
		双动三重管	—	—	—	+	++	—	—	—	++	++	+
	探井（槽）中刻取块状土样		++	++	++	++	++	++	++	++	++	++	++

续表

等级	取样工具和方法		适用土类										
			黏性土					粉土	砂土				砾砂、碎石土、软岩
			流塑	软塑	可塑	硬塑	坚硬		粉砂	细砂	中砂	粗砂	
Ⅱ	薄壁取土器	水压固定活塞	++	++	+	—	—	+	+	—	—	—	—
		自由活塞	+	++	++	—	—	+	+	—	—	—	—
		敞口	++	++	++	—	—	+	+	—	—	—	—
	回转取土器	单动三重管	—	+	++	++	+	++	++	++	—	—	—
		双动三重管	—	—	—	+	++	—	—	—	++	++	++
	厚壁敞口取土器		+	++	++	++	++	+	+	+	+	+	—
Ⅲ	厚壁敞口取土器		++	++	++	++	++	++	++	++	++	+	—
	标准贯入器		++	++	++	++	++	++	++	++	++	—	
	螺纹钻头		++	++	++	++	++	+	—	—	—	—	—
	岩芯钻头		++	++	++	++	++	++	+	+	+	+	+
Ⅳ	标准贯入器		++	++	++	++	++	++	++	++	++	++	—
	螺纹钻头		++	++	++	++	++	+	—	—	—	—	—
	岩芯钻头		++	++	++	++	++	++	++	++	++	++	++

注：++表示适用；+表示部分适用；—表示不适用；采取砂土试样应有防止试样失落的必要措施；有经验时，可用束节式取土器代替薄壁取土器。

在钻孔中采取Ⅰ、Ⅱ级砂样时，可采用原状取砂器，并按相应的现行标准执行。在钻孔中采取Ⅰ、Ⅱ级土试样时，应满足下列要求。

(1) 在软土、砂土中宜采用泥浆护壁；如使用套管，应保持管内水位等于或稍高于地下水位，取样位置应低于套管底3倍孔径的距离。

(2) 采用冲洗、冲击、振动等方式钻进时，应在预计取样位置1m以上改用回转钻进。

(3) 下放取土器前应仔细清孔，清除扰动土，孔底残留浮土的厚度不应大于取土器废土段的长度（活塞取土器除外）；采取土试样宜用快速静力连续压入法。

Ⅰ级、Ⅱ级、Ⅲ级土试样应妥善密封，防止湿度变化，严防曝晒或冰冻。在运输中应避免振动，保存时间不宜超过三周。对易于振动液化和水分离析的土试样宜就近进行试验。岩石试样可利用钻探岩芯制作或在探井、探槽、竖井和平洞中刻取。采取的毛样尺寸应满足试块加工的要求。在特殊情况下，试样形状、尺寸和方向由岩体力学试验设计确定。

（二）岩土试样采取的特殊规定

土试样扰动程度的鉴定有多种方法，大致可分为以下几类。

1. 现场外观检查

观察土样是否完整，有无缺陷，取样管或衬管是否挤扁、弯曲、卷折等。

2. 测定回收率

按照 Hvorslev 的定义，回收率为 L/H；H 为取样时取土器贯入孔底以下土层的深度，L 为土样长度，可取土试样的毛长，而不必是净长，即可从土试样顶端算至取土器刃口，下部如有脱落可不扣除；回收率在 0.98 左右是最理想的，大于 1.0 或小于 0.95 是土样受扰动的标志；取样回收率可在现场测定，但使用敞口式取土器时，测定有一定的困难。

3. X 射线检验

X 射线检验可发现裂纹、空洞、粗粒包裹体等。

4. 室内试验评价

(1) 对土样扰动的检验。

由于土的力学参数对试样的扰动十分敏感，所以需要对扰动程度进行检验。土样受扰动的程度可以通过力学性质试验结果反映出来，最常见的方法有两种。

① 根据应力-应变关系评定。随着土试样扰动程度增加，破坏应变 ε_f 增加，峰值应力降低，应力-应变关系曲线线形趋缓。根据国际土力学基础工程学会取样分会汇集的资料，不同地区对不扰动土试样做不排水压缩试验得出的破坏应变值 ε_f 分别是：加拿大黏土为 1%；南斯拉夫黏土为 1.5%，日本海相黏土为 6%；法国黏性土为 3%～8%；新加坡海相黏土为 2%～5%。如果测得的破坏应变值大于上述特征值，该土样即可认为是受扰动的。

② 根据压缩曲线特征评定。定义扰动指数 $I_D=(\Delta e_0/\Delta e_m)$，式中 Δe_0 为原位孔隙比与土样在先期固结压力处孔隙比的差值，Δe_m 为原位孔隙比与重塑土在上述压力处孔隙比的差值。如果先期固结压力未能确定，可改用体积应变 ε_V 作为评定指标：

$$\varepsilon_V=\frac{\Delta V}{V}=\frac{\Delta e}{1+e_0} \tag{2-1}$$

式中 e_0——土样的初始孔隙比；

Δe——加荷至自重压力时的孔隙比变化量。

我国在沿海地区进行了一些取样研究，采用上述指标评定的标准见表 2-4。

表 2-4 评价土试样扰动程度的参考标准

评价指标	几乎未扰动	少量扰动	中等扰动	很大扰动	严重扰动	资料来源
ε_f	1%～3%	3%～5%	5%～6%	6%～10%	>10%	上海
	3%～5%	3%～5%	5%～8%	>10%	>15%	连云港
I_D	<0.15	0.15～0.30	0.30～0.50	0.50～0.75	>0.75	上海
ε_V	<1%	1%～2%	2%～4%	4%～10%	>10%	上海

应当指出，上述指标的特征值不仅取决于土试样的扰动程度，而且与土的自身特性和试验方法有关，故不可能提出一个统一的衡量标准，各地应按照本地区的经验参考使用上述方法和数据。一般而言，事后检验把关并不是保证土试样质量的积极措施。对土试样作质量分级的指导思想是强调事先的质量控制，即对采取某一级别土试样所必须使用的设备和操作条件做出严格的规定。

(2) 土样取样工具的分类和特点。

取土器按壁厚可分为薄壁和厚壁两类，按进入土层的方式可分为贯入和回转两类。

① 薄壁取土器壁厚仅 1.25～2.00mm，取样扰动小，质量高，但因壁薄，不能在坚硬和密实的土层中使用。薄壁取土器按其结构形式有以下几种。

a. 敞口式薄壁取土器，国外称为谢尔贝管，是最简单的一种薄壁取土器，取样操作简便，但易逃土。

b. 固定活塞式薄壁取土器，在敞口薄壁取土器内增加一个活塞及一套与之相连接的活塞杆，活塞杆可通过取土器的头部并经由钻杆的中空延伸至地面；下放取土器时，活塞处于取样管刃口端部，活塞杆与钻杆同步下放，到达取样位置后，固定活塞杆与活塞，通过钻杆压入取样管进行取样；该取土器中活塞的作用在于下放取土器时可排开孔底浮土，上提时可隔绝土样顶端的水压、气压，防止逃土，同时又不会像上提活阀那样产生过度的负压引起土样扰动；取样过程中，该取土器的固定活塞还可以限制土样进入取样管后顶端的膨胀上凸趋势。因此，固定活塞式薄壁取土器取样质量高，成功率也高，但因需要两套杆件，操作比较麻烦。固定活塞式薄壁取土器是目前国际公认的高质量取土器，其代表性型号有 Hvorslev 型、NGI 型等。

c. 水压固定活塞式，是针对固定活塞式的缺点而制造的改进型。国外以其发明者命名为奥斯特伯格取土器。其特点是去掉活塞杆，将活塞连接在钻杆底端，取样管则与另一套在活塞缸内的可动活塞连接，取样时通过钻杆施加水压，驱动活塞缸内的可动活塞，将取样管压入土中，其取样效果与固定活塞式相同，操作较为简便，但结构仍较复杂。

d. 自由活塞式，与固定活塞式不同之处在于活塞杆不延伸至地面，而只穿过接头，并用弹簧锥卡予以控制。取样时依靠土试样将活塞顶起，操作较为简便，但土试样上顶活塞时易受扰动，取样质量不及以上两种。

② 回转型取土器有以下两种。

a. 单动三重（二重）管取土器，类似岩芯钻探中的双层岩芯管，取样时外管旋转，内管不动，故称单动。如在内管内再加衬管，则成为三重管。其代表性型号为丹尼森（Denison）取土器。丹尼森取土器的改进型称为皮切尔（Picher）取土器，其特点是内管刃口的超前值可通过一个竖向弹簧按土层软硬程度自动调节。单动三重管取土器可用于中等～较硬的土层。

b. 双动三重（二重）管取土器，与单动的不同之处在于取样内管也旋转，因此可切削进入坚硬的地层，一般适用于坚硬黏性土、密实砾砂～软岩。

五、地球物理勘探

岩土工程勘察中可在下列方面采用地球物理勘探：作为钻探的先行手段，了解隐蔽的地质界线、界面或异常点；在钻孔之间增加地球物理勘探点，为钻探成果的内插、外推提供依据；作为原位测试手段，测定岩土体的波速、动弹性模量、动剪切模量、卓越周期、电阻率、放射性辐射参数、土对金属的腐蚀性等。

应用地球物理勘探方法时，应具备下列条件：被探测对象与周围介质之间有明显的物理性质差异；被探测对象具有一定的埋藏深度和规模，且地球物理异常有足够的强度；能抑制干扰，区分有用信号和干扰信号；在有代表性的地段进行方法的有效性试验。

地球物理勘探应根据探测对象的埋深、规模及其与周围介质的物性差异，选择有效的方法。地球物理勘探方法的适用范围见表2-5。地球物理勘探成果判释时，应考虑其多解性，区分有用信息与干扰信号。需要时应采用多种方法探测，进行综合判释，并应有已知的物理勘探参数或由一定数量的钻孔验证。

表 2-5　地球物理勘探方法的适用范围

方法名称	适用范围
自然电场法	1. 探测隐伏断层、破碎带； 2. 测定地下水流速、流向
充电法	1. 探测地下洞穴； 2. 测定地下水流速、流向； 3. 探测地下或水下掩埋物体； 4. 探测地下管线
电阻率测深法	1. 测定基岩埋深，划分松散沉积层序和基岩风化带； 2. 探测隐伏断层、破碎带； 3. 探测地下洞穴； 4. 测定潜水面深度和含水层分布； 5. 探测地下或水下掩埋物体
电阻率剖面法	1. 测定基岩埋深； 2. 探测隐伏断层、破碎带； 3. 探测地下洞穴； 4. 探测地下或水下掩埋物体
高密度电阻率法	1. 测定潜水面深度和含水层分布； 2. 探测地下或水下掩埋物体
激发极化法	1. 探测隐伏断层、破碎带； 2. 探测地下洞穴； 3. 划分松散沉积层序； 4. 测定潜水面深度和含水层分布； 5. 探测地下或水下掩埋物体
甚低频法	1. 探测隐伏断层、破碎带； 2. 探测地下或水下掩埋物体； 3. 探测地下管线

续表

方法名称	适用范围
频率测深	1. 测定基岩埋深，划分松散沉积层序和风化带； 2. 探测隐伏断层、破碎带； 3. 探测地下洞穴； 4. 探测河床水深及沉积泥沙厚度； 5. 探测地下或水下隐埋物体； 6. 探测地下管线
电磁感应法	1. 测定基岩埋深； 2. 探测隐伏断层、破碎带； 3. 探测地下洞穴； 4. 探测地下或水下隐埋物体； 5. 探测地下管线
地质雷达	1. 测定基岩埋深，划分松散沉积层序和基岩风化带； 2. 探测隐伏断层、破碎带； 3. 探测地下洞穴； 4. 测定潜水面深度和含水层分布； 5. 探测河床水深及沉积泥沙厚度； 6. 探测地下或水下隐埋物体； 7. 探测地下管线
地下电磁波法 （无线电波透视法）	1. 探测隐伏断层、破碎带； 2. 探测地下洞穴； 3. 探测地下或水下隐埋物体； 4. 探测地下管线
折射波法	1. 测定基岩埋深，划分松散沉积层序和基岩风化带； 2. 测定潜水面深度和含水层分布； 3. 探测河床水深及沉积泥沙厚度
反射波法	1. 测定基岩埋深，划分松散沉积层序和基岩风化带； 2. 探测隐伏断层、破碎带； 3. 探测地下洞穴； 4. 测定潜水面深度和含水层分布； 5. 探测河床水深及沉积泥沙厚度； 6. 探测地下或水下隐埋物体； 7. 探测地下管线
直达波法 （单孔法和跨孔法）	划分松散沉积层序和基岩风化带
瑞雷波法	1. 测定基岩埋深，划分松散沉积层序和基岩风化带； 2. 探测隐伏断层、破碎带； 3. 探测地下洞穴； 4. 探测地下隐埋物体； 5. 探测地下管线
地震波法和声波法	1. 测定基岩埋深，划分松散沉积层序和基岩风化带； 2. 探测隐伏断层、破碎带； 3. 探测含水层； 4. 探测洞穴和地下或水下隐埋物体； 5. 探测地下管线； 6. 探测滑坡体的滑动面

续表

方法名称	适用范围
声呐浅层剖面法	1. 探测河床水深及沉积泥沙厚度； 2. 探测地下或水下隐埋物体
地球物理测井(放射性测井、电测井、电视测井)	1. 探测地下洞穴； 2. 划分松散沉积层序及基岩风化带； 3. 测定潜水面深度和含水层分布； 4. 探测地下或水下隐埋物体

第三节　岩土工程原位测试

一、岩土工程原位测试的具体规定

原位测试方法应根据岩土条件、设计对参数的要求、地区经验和测试方法的适用性等因素选用。根据原位测试成果，利用地区经验估算岩土工程特性参数和对岩土工程问题作出评价时，应与室内试验和工程反算参数作对比，检验其可靠性。原位测试的仪器设备应定期检验和标定，分析原位测试成果资料时，应注意仪器设备、试验条件、试验方法等对试验结果的影响，结合地层条件，剔除异常数据。

二、载荷试验

载荷试验的具体要求如下。

(1) 载荷试验可用于测定承压板下应力主要影响范围内岩土的承载力和变形模量。浅层平板载荷试验适用于浅层地基土；深层平板载荷试验适用于深层地基土和大直径桩的桩端土；螺旋板载荷试验适用于深层地基土或地下水位以下的地基土。深层平板载荷试验的试验深度不应小于 5m。

(2) 载荷试验应布置在有代表性的地点，每个场地不宜少于 3 个，当场地内岩土体不均时，应适当增加。浅层平板载荷试验应布置在基础底面标高处。

(3) 载荷试验的技术要求应符合下列规定。

① 浅层平板载荷试验的试坑宽度或直径不应小于承压板宽度或直径的 3 倍；深层平板载荷试验的试坑直径应等于承压板直径；当试坑直径大于承压板直径时，紧靠承压板周围土的高度不应小于承压板直径。

② 试坑或试井底的岩土应避免扰动，保持其原状结构和天然湿度，并在承压板下铺设不超过 20mm 的砂垫层找平，尽快安装试验设备；螺旋板头入土时，应按每转一圈下入一个螺距进行操作，以减少对土的扰动。

③ 载荷试验宜采用圆形刚性承压板，根据土的软硬或岩体裂隙密度选用合适的尺寸；土的浅层平板载荷试验承压板面积不应小于 $0.25m^2$，对软土和粒径较大的填土不应小于 $0.5m^2$；土的深层平板载荷试验承压板面积宜选用 $0.5m^2$；岩石

载荷试验承压板的面积不宜小于 0.07m^2。

④ 载荷试验加荷方式应采用分级维持荷载沉降相对稳定法（常规慢速法）。有地区经验时，可采用分级加荷沉降非稳定法（快速法）或等沉降速率法；加荷等级宜取 10～12 级且不应少于 8 级，荷载量测精度不应低于最大荷载的±1%。

⑤ 承压板的沉降可采用百分表或电测位移计量测，其精度不应低于±0.01mm。

⑥ 对慢速法，当试验对象为土体时，每级荷载施加后，间隔 5min、5min、10min、10min、15min、15min 测读一次沉降，以后间隔 30min 测读一次沉降，当连续两小时每小时沉降量小于等于 0.1mm 时，可认为沉降已达相对稳定的标准，施加下一级荷载；当试验对象是岩体时，间隔 1min、2min、2min、5min 测读一次沉降，以后每隔 10min 测读一次，当连续三次读数差小于等于 0.01mm 时，可认为沉降已达相对稳定的标准，施加下一级荷载。

⑦ 当出现下列情况之一时，可终止试验：承压板周边的土出现明显侧向挤出，周边岩土出现明显隆起或径向裂缝持续发展；本级荷载的沉降量大于前级荷载沉降量的 5 倍，荷载与沉降曲线出现明显陡降；在某级荷载下 24h 沉降速率不能达到相对稳定标准；总沉降量与承压板直径（或宽度）之比超过 0.06。

（4）根据载荷试验成果分析要求，应绘制荷载（p）与沉降（s）曲线，必要时绘制各级荷载下沉降（s）与时间（t）或时间对数（$\lg t$）曲线。应根据 p-s 曲线拐点，必要时结合 s-$\lg t$ 曲线特征，确定比例界限压力和极限压力。当 s 呈缓变曲线时，可取对应于某一相对沉降值（即 s/d，d 为承压板直径）的压力来评定地基土承载力。

（5）土的变形模量应根据 p-s 曲线的初始直线段，可按均质各向同性半无限弹性介质的弹性理论计算。浅层平板载荷试验的变形模量 E_0(MPa) 可按式(2-2) 计算：

$$E_0 = I_0(1-\mu^2)\frac{pd}{s} \tag{2-2}$$

深层平板载荷试验和螺旋板载荷试验的变形模量 E_0(MPa) 可按式(2-3) 计算：

$$E_0 = \omega \frac{pd}{s} \tag{2-3}$$

式中 I——刚性承压板的形状系数，圆形承压板取 0.785；方形承压板取 0.886；

μ——土的泊松比（碎石土取 0.27，砂土取 0.30，粉土取 0.35，粉质黏土取 0.38，黏土取 0.42）；

d——承压板直径或边长，m；

p——p-s 曲线线性段的压力，kPa；

s——与 p 对应的沉降，mm

ω——与试验深度和土类有关的系数，可按表 2-6 选用。

（6）基准基床系数 K_v 可根据承压板边长为 30cm 的平板载荷试验，按式(2-4) 计算：

$$K_v=\frac{p}{s} \tag{2-4}$$

表 2-6　深层载荷试验计算系数 ω

d/z	土类				
	碎石土	砂土	粉土	粉质黏土	黏土
0.3	0.477	0.489	0.491	0.515	0.524
0.25	0.469	0.48	0.482	0.506	0.514
0.2	0.46	0.471	0.474	0.497	0.505
0.15	0.444	0.454	0.457	0.479	0.487
0.1	0.435	0.446	0.448	0.47	0.478
0.05	0.427	0.437	0.439	0.461	0.468
0.01	0.418	0.429	0.431	0.452	0.459

注：d/z 为承压板直径和承压板底面深度之比。

三、静力触探试验

静力触探试验的具体要求如下。

（1）静力触探试验适用于软土、一般黏性土、粉土、砂土和含少量碎石的土。静力触探可根据工程需要采用单桥探头、双桥探头或带孔隙水压力量测的单、双桥探头，可测定比贯入阻力（p_s）、锥尖阻力（q_c）、侧壁摩阻力（f_s）和贯入时的孔隙水压力（u）。

（2）静力触探试验的技术要求应符合下列规定。

① 探头圆锥锥底截面积应采用 10cm^2 或 15cm^2，单桥探头侧壁高度应分别采用 57mm 和 70mm，双桥探头侧壁面积应采用 150～300cm^2，锥尖锥角应为 60°。

② 探头应匀速垂直压入土中，贯入速率为 1.2m/min。

③ 探头测力传感器应连同仪器、电缆进行定期标定，室内探头标定测力传感器的非线性误差、重复性误差、滞后误差、温度漂移、归零误差均应小于 1%FS，现场试验归零误差应小于 3%，绝缘电阻不小于 500MΩ。

④ 深度记录的误差不应大于触探深度的±1%。

⑤ 当贯入深度超过 30m，或穿过厚层软土后再贯入硬土层时，应采取措施防止孔斜或断杆，也可配置测斜探头，量测触探孔的偏斜角，校正土层界线的深度。

⑥ 孔压探头在贯入前，应在室内保证探头应变腔为已排除气泡的液体所饱和，并在现场采取措施保持探头的饱和状态，直至探头进入地下水位以下的土层为止。在孔压静探试验过程中不得上提探头。

⑦ 当在预定深度进行孔压消散试验时，应量测停止贯入后不同时间的孔压值，其计时间隔由密到疏合理控制；试验过程中不得松动探杆。

（3）静力触探试验成果分析应包括下列内容。

① 绘制各种贯入曲线：单桥和双桥探头应绘制 p_s-z 曲线、q_c-z 曲线、f_s-z 曲线、R_f-z 曲线；孔压探头尚应绘制 u_i-z 曲线、q_t-z 曲线、f_t-z 曲线、B_q-z 曲线和孔压消散曲线：u_t-$\lg t$ 曲线。其中：R_f 为摩阻比；u_i 为孔压探头贯入土中量

测的孔隙水压力（即初始孔压 u_i）；q_t 为真锥头阻力（经孔压修正）；f_t 为真侧壁摩阻力（经孔压修正）；B_q 为静探孔压系数，$B_q=\dfrac{u_i-u_0}{q_t-\sigma_{v0}}$；$u_0$ 为试验深度处的静水压力，kPa；σ_{v0} 为试验深度处的总上覆压力，kPa；u_t 为孔压消散过程时刻 t 的孔隙水压力。

② 根据贯入曲线的线形特征，结合相邻钻孔资料和地区经验，划分土层和判定土类；计算各土层静力触探有关试验数据的平均值，或对数据进行统计分析，提供静力触探数据的空间变化规律。

（4）根据静力触探资料，利用地区经验，可进行力学分层，估算土的塑性状态或密实度、强度、压缩性、地基承载力、单桩承载力、沉桩阻力，进行液化判别等。根据孔压消散曲线可估算土的固结系数和渗透系数。

四、圆锥动力触探试验

圆锥动力触探试验的具体要求如下。

（1）圆锥动力触探试验的类型可分为轻型、重型和超重型三种，其规格和适用土类应符合表 2-7 的规定。

表 2-7　圆锥动力触探类型

规格和特点		类型		
		轻型	重型	超重型
落锤	落锤质量/kg	10	63.5	120
	落距/cm	50	76	100
探头	直径/mm	40	74	74
	锥角/(°)	60	60	60
探杆直径/mm		25	42	50～60
指标		贯入 30cm 的读数 N_{10}	贯入 10cm 的读数 $N_{63.5}$	贯入 10cm 的读数 N_{120}
主要适用岩土		浅部的填土、砂性土	砂土、粉土、黏土下的碎石土、极软岩	密实和很密的碎石土、软岩、极软岩

（2）圆锥动力触探试验的技术要求如下。

① 应采用自动落锤装置。

② 触探杆最大偏斜度不应超过 2%，锤击贯入应连续进行；同时防止锤击偏心、探杆倾斜和侧向晃动，保持探杆垂直；锤击速率宜为每分钟 15～30 击。

③ 每贯入 1m，宜将探杆转动一圈半；当贯入深度超过 10m 时，每贯入 20cm 宜转动探杆一次。

④ 对轻型动力触探，当 $N_{10}>100$ 或贯入 15cm 的锤击数超过 50 时，可停止试验；对重型动力触探，当连续 3 次 $N_{63.5}>50$ 时，可停止试验或改用超重型动力触探。

（3）圆锥动力触探试验成果分析应包括下列内容。

① 单孔连续圆锥动力触探试验应绘制锤击数与贯入深度关系曲线。

② 计算单孔分层贯入指标平均值时，应剔除临界深度以内的数值、超前和滞后影响范围内的异常值。

③ 根据各孔分层的贯入指标平均值，用厚度加权平均法计算场地分层贯入指标平均值和变异系数。

（4）根据圆锥动力触探试验指标和地区经验，可进行力学分层，评定土的均匀性和物理性质（状态、密实度）、强度、变形参数、地基承载力、单桩承载力，查明土洞、滑动面、软硬土层界面，检测地基处理效果等。应用试验成果时是否修正以及如何修正，应根据建立统计关系时的具体情况确定。

五、标准贯入试验

标准贯入试验的具体要求如下。

（1）标准贯入试验适用于砂土、粉土和一般黏性土。

（2）标准贯入试验的设备应符合表 2-8 的规定。

表 2-8　标准贯入试验设备规格

贯入设备		设备规格	
落锤		锤的质量/kg	63.5
		落距/cm	76
贯入器	对开管	长度/mm	＞500
		外径/mm	51
		内径/mm	35
	管靴	长度/mm	50～76
		刃口角度/(°)	18～20
		刃口单刃厚度/mm	1.6
钻杆		直径/mm	42
		相对弯曲	＜1/1000

（3）标准贯入试验的技术要求应符合下列规定。

① 标准贯入试验孔采用回转钻进，并保持孔内水位略高于地下水位。当孔壁不稳定时，可用泥浆护壁，钻至试验标高以上 15cm 处，清除孔底残土后再进行试验。

② 采用自动脱钩的自由落锤法进行锤击，并减小导向杆与锤间的摩阻力，避免锤击时的偏心和侧向晃动，保持贯入器、探杆、导向杆连接后的垂直度，锤击速率应小于 30 击/min。

③ 贯入器打入土中 15cm 后，开始记录每打入 10cm 的锤击数，累计打入 30cm 的锤击数作为标准贯入试验锤击数 N。当锤击数已达 50 击，而贯入深度未达 30cm 时，可记录 50 击的实际贯入深度，按式(2-5) 换算成相当于 30cm 的标准贯入试验锤击数 N 并终止试验。

$$N=30\times\frac{50}{\Delta S} \tag{2-5}$$

式中　ΔS——50 击时的贯入度，cm。

④ 标准贯入试验成果 N 值可直接标在工程地质剖面图上，也可绘制单孔标准贯入击数 N 与深度关系曲线或直方图。统计分析标贯入击数平均值时，应剔除异常值。

⑤ 标准贯入试验锤击数 N 值，可对砂土、粉土、黏性土的物理状态，土的强度、变形参数、地基承载力、单桩承载力，砂土和粉土的液化，成桩的可能性等作出评价。应用 N 值时是否修正和如何修正，应根据建立统计关系时的具体情况确定。

六、十字板剪切试验

十字板剪切试验的具体要求如下。

(1) 十字板剪切试验可用于测定饱和软黏性土（$\varphi \approx 0$）的不排水抗剪强度和灵敏度。

(2) 十字板剪切试验点的布置，对均质土竖向间距可为 1m，对非均质或夹薄层粉细砂的软黏性土，宜先做静力触探，结合土层变化，选择软黏土进行试验。

(3) 十字板剪切试验的主要技术要求应符合下列规定。

① 十字板板头形状宜为矩形，径高比 1∶2，板厚宜为 2～3mm。

② 十字板头插入钻孔底的深度不应小于钻孔或套管直径的 3～5 倍。

③ 十字板插入至试验深度后，至少应静置 2～3min 后方可开始试验。

④ 扭转剪切速率宜采用 $(1^\circ \sim 2^\circ)/10s$，并应在测得峰值强度后继续测记 1min。

⑤ 在峰值强度或稳定值测试完成后，顺扭转方向连续转动 6 圈后，测定重塑土的不排水抗剪强度。

⑥ 对开口钢环十字板剪切仪，应修正轴杆与土间的摩阻力的影响。

(4) 十字板剪切试验成果分析应包括下列内容。

① 计算各试验点土的不排水抗剪峰值强度、残余强度、重塑土强度和灵敏度。

② 绘制单孔十字板剪切试验土的不排水抗剪峰值强度、残余强度、重塑土强度和灵敏度随深度的变化曲线，需要时绘制抗剪强度与扭转角度的关系曲线。

③ 根据土层条件和地区经验，对实测的十字板不排水抗剪强度进行修正。

(5) 十字板剪切试验成果可按地区经验确定地基承载力、单桩承载力，计算边坡稳定性，判定软黏性土的固结历史。

七、旁压试验

旁压试验的具体要求如下。

(1) 旁压试验适用于黏性土、粉土、砂土、碎石土、残积土、极软岩和软岩等。

(2) 旁压试验应在有代表性的位置和深度进行，旁压器的量测腔应在同一土层内。试验点的垂直间距应根据地层条件和工程要求确定，但不宜小于 1m，试验孔与已有钻孔的水平距离不宜小于 1m。

(3) 旁压试验的技术要求应符合下列规定。

① 预钻式旁压试验应保证成孔质量，钻孔直径与旁压器直径应良好配合，防止孔壁坍塌；自钻式旁压试验的自钻钻头、钻头转速、钻进速率、刃口距离、泥浆压力和流量等应符合有关规定。

② 加荷等级可采用预期临塑压力的 1/7～1/5，初始阶段加荷等级可取小值，必要时，可做卸荷再加荷试验，测定再加荷旁压模量。

③ 每级压力应维持 1min 或 2min 后再施加下一级压力，维持 1min 时，加荷后 15s、30s、60s 测读变形量，维持 2min 时，加荷后 15s、30s、60s、120s 测读变形量。

④ 当量测腔的扩张体积相当于量测腔的固有体积时，或压力达到仪器的最大容许压力时，应终止试验。

(4) 旁压试验成果分析应包括下列内容。

① 对各级压力和相应的扩张体积（或换算为半径增量）分别进行约束力和体积的修正后，绘制压力与体积曲线，需要时可绘制蠕变曲线。

② 根据压力与体积曲线，结合蠕变曲线确定初始压力、临塑压力和极限压力。

③ 根据压力与体积曲线的直线段斜率，按式(2-6) 计算旁压模量：

$$E_m = 2(1+\mu)\left(V_c + \frac{V_0 + V_f}{2}\right)\frac{\Delta p}{\Delta V} \tag{2-6}$$

式中 E_m——旁压模量，kPa；

μ——泊松比；

V_c——旁压器量测腔初始固有体积，cm^3；

V_0——与初始压力 p_0 对应的体积，cm^3；

V_f——与临塑压力 p_f 对应的体积，cm^3；

$\Delta p/\Delta V$——旁压曲线直线段的斜率，kPa/cm^3。

(5) 根据初始压力、临塑压力、极限压力和旁压模量，结合地区经验可评定地基承载力和变形参数。根据自钻式旁压试验的旁压曲线，还可测定土的原位水平应力、静止侧压力系数、不排水抗剪强度等。

八、扁铲侧胀试验

扁铲侧胀试验具体要求如下。

(1) 扁铲侧胀试验适用于软土、一般黏性土、粉土、黄土和松散～中密的砂土。

(2) 扁铲侧胀试验技术要求应符合下列规定。

① 扁铲侧胀试验探头长 230～240mm、宽 94～96mm、厚 14～16mm；探头前缘刃角 12°～16°，探头侧面钢膜片的直径为 60mm。

② 每孔试验前后均应进行探头率定，取试验前后的平均值为修正值；膜片的合格标准为：率定时膨胀至 0.05mm 的气压实测值 $\Delta A = 5 \sim 25kPa$；率定时膨胀至 1.10mm 的气压实测值 $\Delta B = 10 \sim 110kPa$。

③ 试验时，应以静力匀速将探头贯入土中，贯入速率宜为 2cm/s；试验点间距可取 20～50cm。

④ 探头达到预定深度后，应匀速加压和减压，测定膜片膨胀至 0.05mm、1.10mm 和回到 0.05mm 的压力 A、压力 B、压力 C 值。

⑤ 扁铲侧胀消散试验，应在需测试的深度进行，测读时间间隔可取 1min、2min、4min、8min、15min、30min、90min，以后每 90min 测读一次，直至消散结束。

(3) 扁铲侧胀试验成果分析应包括下列内容。

① 对试验的实测数据进行膜片刚度修正：

$$p_0=1.05(A-z_m+\Delta A)-0.05(B-z_m-\Delta B) \tag{2-7}$$

$$p_1=B-z_m-\Delta B \tag{2-8}$$

$$p_2=C-z_m+\Delta A \tag{2-9}$$

式中 p_0——膜片向土中膨胀之前的接触压力，kPa；

p_1——膜片膨胀至 1.10mm 时的压力，kPa；

p_2——膜片回到 0.05mm 时的终止压力，kPa；

z_m——调零前的压力表初读数，kPa。

② 根据 p_0、p_1 和 p_2 计算下列指标：

$$E_D=34.7(p_1-p_0) \tag{2-10}$$

$$K_D=(p_0-u_0)/\sigma_{v0} \tag{2-11}$$

$$I_D=(p_1-p_0)/(p_0-u_0) \tag{2-12}$$

$$U_D=(p_2-u_0)/(p_0-u_0) \tag{2-13}$$

式中 E_D——侧胀模量，kPa；

K_D——侧胀水平应力指数；

I_D——侧胀土性指数；

U_D——侧胀孔压指数；

u_0——试验深度处的静水压力，kPa；

σ_{v0}——试验深度处土的有效上覆压力，kPa。

③ 绘制 E_D、I_D、K_D 和 U_D 与深度的关系曲线。

(4) 根据扁铲侧胀试验指标和地区经验，可判别土类，确定黏性土的状态、静止侧压力系数、水平基床系数等。

九、现场直接剪切试验

现场直接剪切试验可简称现场直剪试验，其具体要求如下。

(1) 现场直剪试验可用于岩土体本身、岩土体沿软弱结构面和岩体与其他材料接触面的剪切试验，可分为岩土体试验体在法向应力作用下沿剪切面剪切破坏的抗剪断试验，岩土体剪断后沿剪切面继续剪切的抗剪试验（摩擦试验），法向应力为零时岩体剪切的抗切试验。

(2) 现场直剪试验可在试洞、试坑、探槽或大口径钻孔内进行。当剪切面水平或近于水平时，可采用平推法或斜推法；当剪切面较陡时，可采用楔形体法。同一组试验体的岩性应基本相同，受力状态应与岩土体在工程中的实际受力状态相近。

(3) 现场直剪试验每组岩体不宜少于5个。剪切面积不得小于0.25m^2。试验体最小边长不宜小于50cm，高度不宜小于最小边长的一半。试验体之间的距离应大于最小边长的1.5倍。每组土体试验体不宜少于3个。剪切面积不宜小于0.3m^2，高度不宜小于20cm或为最大粒径的4～8倍，剪切面开缝宽度应为最小粒径的1/4～1/3。

(4) 现场直剪试验的技术要求应符合下列规定。

① 开挖试坑时应避免对试体的扰动和含水量的显著变化：在地下水位以下试验时，应避免水压力和渗流对试验的影响。

② 施加的法向荷载、剪切荷载应位于剪切面、剪切缝的中心；或使法向荷载与剪切荷载的合力通过剪切面的中心，并保持法向荷载不变。

③ 最大法向荷载应大于设计荷载，并按等量分级；荷载允许偏差应为试验最大荷载的±2%。

④ 每一试件的法向荷载可分4～5级施加。当法向变形达到相对稳定时，即可施加剪切荷载。

⑤ 每级剪切荷载按预估最大荷载的8%～10%分级等量施加，或按法向荷载的5%～10%分级等量施加；岩体按每5～10min，土体按每30s施加一级剪切荷载。

⑥ 当剪切变形急剧增大或剪切变形达到试件尺寸的1/10时，可终止试验。

⑦ 根据剪切位移大于10mm时的试验结果确定残余抗剪强度，需要时可沿剪切面继续进行摩擦试验。

(5) 现场直剪试验成果分析应包括下列内容。

① 绘制剪切应力与剪切位移曲线、剪应力与垂直位移曲线，确定比例强度、屈服强度、峰值强度、剪胀点和剪胀强度。

② 绘制法向应力与比例强度、屈服强度、峰值强度、残余强度的曲线，确定相应的强度参数。

十、波速测试

波速测试具体要求如下。

(1) 波速测试适用于测定各类岩土体的压缩波、剪切波或瑞利波的波速，可根据任务要求，采用单孔法、跨孔法或面波法。

(2) 单孔法波速测试的技术要求应符合下列规定。

① 测试孔应垂直。

② 将三分量检波器固定在孔内预定深度处，并紧贴孔壁。

③ 可采用地面激振或孔内激振。

④ 应结合土层布置测点，测点的垂直间距宜取1～3m。层位变化处应加密，

并宜自下而上逐点测试。

（3）跨孔法波速测试的技术要求应符合下列规定。

① 振源孔和测试孔应布置在一条直线上。

② 测试孔的孔距在土层中宜取 2～5m，在岩层中宜取 8～15m，测点垂直间距宜取 1～2m；近地表测点宜布置在 0.4 倍孔距的深度处，震源和检波器应置于同一地层的相同标高处。

③ 当测试深度大于 15m 时，应进行激振孔和测试孔的倾斜度和倾斜方位的量测，测点间距宜取 1m。

（4）面波法波速测试可采用瞬态法或稳态法，宜采用低频检波器，道间距可根据场地条件通过试验确定。

（5）波速测试成果分析应包括下列内容。

①在波形记录上识别压缩波和剪切波的初至时间。

②计算由振源到达测点的距离。

③根据波的传播时间和距离确定波速。

④计算岩土小应变的动弹性模量、动剪切模量和动泊松比。

十一、岩体原位应力测试

岩体原位应力测试的具体要求如下。

（1）岩体应力测试适用于无水、完整或较完整的岩体。可采用孔壁应变法、孔径变形法和孔底应变法测求岩体空间应力和平面应力。

（2）测试岩体原始应力时，测点深度应超过应力扰动影响区；在地下洞室中进行测试时，测点深度应超过洞室直径的 2 倍。

（3）岩体应力测试技术要求应符合下列规定。

① 在测点测段内，岩性应均一完整。

② 测试孔的孔壁、孔底应光滑、平整、干燥。

③ 稳定标准为连续 3 次读数（每隔 10min 读 1 次）之差不超过 $5\mu\varepsilon$。

④ 同一钻孔内的测试读数不应少于 3 次。

（4）岩芯应力解除后的围压试验应在 24h 内进行；压力宜分 5～10 级，最大压力应大于预估的岩体最大主应力。

（5）测试成果整理应符合下列要求。

① 根据测试数据计算岩体平面应力和空间应力，计算方法应符合现行国家标准《工程岩体试验方法标准》（GB/T 50266—2013）的规定。

② 根据岩芯解除应变值和解除深度，绘制解除过程曲线。

③ 根据围压试验资料，绘制应力与应变关系曲线，计算岩石弹性常数。

十二、激振法测试

激振法测试的具体要求如下。

（1）激振法测试可用于测定天然地基和人工地基的动力特性，为动力机器基础设计提供地基刚度、阻尼比和参振质量。

（2）激振法测试应采用强迫振动方法，有条件时，宜同时采用强迫振动和自由振动两种测试方法。

（3）进行激振法测试时，应收集机器性能、基础形式、基底标高、地基土的性质和均匀性、地下构筑物和干扰振源等资料。

（4）激振法测试的技术要求如下。

① 机械式激振设备的最低工作频率宜为3～5Hz，最高工作频率宜大于60Hz。电磁激振设备的扰力不宜小于600N。

② 块体基础的尺寸宜采用2.0m×1.5m×1.0m。在同一地层条件下，宜采用两个块体基础进行对比试验，基底面积一致，高度分别为1.0m和1.5m；桩基测试应采用两根桩，间距取设计间距；桩台边缘至桩轴的距离可取桩间距的1/2，桩台的长宽比应为2∶1，高度不宜小于1.6m；当进行不同数据的对比试验时，应增加桩数和相应桩台面积；测试基础的混凝土强度等级不宜低于C15。

③ 测试基础应置于拟建基础附近和性质类似的土层上，其底面标高应与拟建基础底面标高一致。

④ 应分别进行明置和埋置两种情况的测试，埋置基础的回填土应分层夯实。

⑤ 仪器设备的精度、安装、测试方法和要求等，应符合现行国家标准《地基动力特性测试规范》（GB/T 50269—2015）的规定。

（5）激振法测试成果分析应包括下列内容。

① 强迫振动测试应绘制下列幅频响应曲线。

a. 竖向振动为竖向振幅随频率变化的幅频响应曲线。

b. 水平回转耦合振动为水平振幅随频率变化的幅频响应曲线和竖向振幅随频率变化的幅频响应曲线。

c. 扭转振动为扭转扰力矩作用下的水平振幅随频率变化的幅频响应曲线。

② 自由振动测试应绘制下列波形图：竖向自由振动波形图、水平回转耦合振动波形图。

根据强迫振动测试的幅频响应曲线和自由振动测试的波形图，按现行国家标准《地基动力特性测试规范》（GB/T 50269—2015）计算地基刚度系数、阻尼比和参振质量。

第三章 高层建筑勘察

第一节 勘察分级及勘察阶段划分

一、高层建筑勘察术语

（1）高层建筑岩土工程勘察。采用工程地质测绘与调查、勘探、原位测试、室内试验等多种勘察手段和方法，对高层建筑（含超高层建筑、高耸构筑物）场地的稳定性、岩土条件、地下水以及它们与工程之间的相互关系进行调查研究，并在此基础上对高层建筑地基基础、基坑工程等作出分析评价和预测建议。

（2）一般性勘探点。为查明地基主要受力层性质，满足地基（包括桩基）承载力评价等常规性问题的要求而布设的勘探点。

（3）控制性勘探点。为控制场地地层结构，满足场地、地基基础和基坑工程的稳定性、变形评价的要求而布设的勘探点。

（4）取土测试勘探点。采取土试样或进行原位测试的勘探点。

（5）基准基床系数。直径 0.3m 的标准刚性承压板下，静力荷载试验 p-s 曲线直线段的斜率。

（6）抗浮设防水位。地下室抗浮评价计算所需的、保证抗浮设防安全和经济合理的场地地下水水位。

（7）突涌。当基坑开挖后，基坑底面下不透水土层的自重压力小于下部承压水水头压力时，引起基坑底土体隆起破坏并同时发生喷水涌砂的现象。

二、高层建筑勘察分级及勘察阶段划分的相关规定

高层建筑勘察分级及勘察阶段划分的相关规定如下。

（1）高层建筑（包括超高层建筑和高耸构筑物，下同）的岩土工程勘察，应根据场地和地基的复杂程度、建筑规模和特征以及破坏后果的严重性，将勘察等级分为甲、乙两级。勘察时，根据工程情况按表 3-1 的规定划分勘察等级。

表 3-1 高层建筑岩土工程勘察等级划分

序号	勘察等级	高层建筑、场地、地基特征及破坏后果的严重性
1	甲级	符合下列条件之一、破坏后果很严重的勘察工程： 1. 30 层以上或高度超过 100m 的超高层建筑； 2. 体形复杂，层数相差超过 10 层的高低层连成一体的高层建筑； 3. 对地基变形有特殊要求的高层建筑； 4. 高度超过 200m 的高耸构筑物或重要的高耸工业构筑物； 5. 位于建筑边坡上或邻近边坡的高层建筑和高耸构筑物； 6. 高度低于上述 1～4 条规定的高层建筑或高耸构筑物，但属于一级（复杂）场地或一级（复杂）地基； 7. 对原有工程影响较大的新建高层建筑； 8. 有三层及三层以上地下室的高层建筑或软土地区有两层及两层以上地下室的高层建筑
2	乙级	不符合甲级标准、破坏后果严重的高层建筑勘察工程

（2）勘察阶段的划分应符合下列规定。

① 对城市中勘察等级为甲级的重点高层建筑，勘察阶段宜分为可行性研究、初步勘察、详细勘察三阶段进行。

② 当场地勘察资料缺乏、建筑平面位置未定，或场地面积较大、为高层建筑群时，勘察阶段宜分为初步勘察和详细勘察两阶段进行。

③ 当场地及其附近已有一定勘察资料，或勘察等级为乙级的单体建筑且建筑总平面图已定时，可将两阶段合并为一阶段，按详细勘察阶段进行。

④ 对于一级（复杂）场地或一级（复杂）地基的工程，针对施工中可能出现或已出现的岩土工程问题，宜进行施工勘察。地基基础施工时，勘察单位宜参与施工验槽。

（3）进行勘察工作前，应详细了解、研究建设设计要求，宜取得委托方提供的下列资料。

① 初步勘察前宜取得和搜集的资料包括如下内容。

a. 建设场地的建筑红线范围及坐标；初步规划主体建筑与裙房的大致布设情况；建筑群的幢数及大致布设情况。

b. 建筑的层数和高度及地下室的层数。

c. 场地的拆迁及分期建设等情况。

d. 勘察场地地震背景、周边环境条件及地下管线的大致情况和其他地下设施情况的初步分布。

e. 设计方的技术要求。

② 详细勘察前宜取得和搜集的资料包括以下内容。

a. 附有建筑红线、建筑坐标、地形、±0.00 高程的建筑总平面图。

b. 建筑结构类型、特点、层数、总高度、荷载及荷载效应组合、地下室层数、埋深等情况。

c. 预计的地基基础类型、平面尺寸、埋置深度、允许变形要求等。

d. 勘察场地地震背景、周边环境条件及地下管线和其他地下设施情况。

e. 设计方的技术要求。

(4) 勘察方案（包括勘探点布设）应由注册岩土工程师根据委托单位的技术要求，结合场地地质条件复杂程度制定，并对该勘察方案的质量、技术经济合理性负责。

(5) 初步勘察阶段应对场地的稳定性和适宜性作出评价，对建筑总图布置提出建议，对地基基础方案和基坑工程方案进行初步论证，为初步设计提供资料，对下一阶段详勘工作的重点内容提出建议。本阶段需解决的主要问题应符合下列要求。

① 充分研究已有勘察资料，查明场地所在地貌单元。

② 查明影响场地和地基稳定性的不良地质作用和特殊性岩土的有关问题，包括：

a. 断裂、地裂缝及其活动性，岩溶、土洞及其发育程度，崩塌、滑坡、泥石流、高边坡或岸边的稳定性；

b. 调查了解古河道、暗浜、暗塘、洞穴或其他人工地下设施；

c. 初步查明特殊性岩土对场地、地基稳定性的影响；

d. 在抗震设防区应初步评价建筑场地类别，场地属抗震有利、不利或危险地段，液化、震陷可能性，设计需要时应提供抗震设计动力参数。

③ 初步查明场地地层时代、成因、地层结构和岩土物理力学性质，一、二级建筑场地和地基宜进行工程地质分区。

④ 初步查明地下水类型，补给条件、排泄条件和腐蚀性，如地下水位较高，需判明地下水升降幅度时应设置地下水长期观测孔。

⑤ 初步勘察阶段的勘探点间距和勘探孔深度应按表 3-2、表 3-3 的规定布设，并应布设判明场地、地基稳定性、不良地质作用和桩基持力层所必需的勘探点和勘探深度。

表 3-2　初步勘察勘探线、勘探点间距

序号	地基复杂程度等级	勘探线间距/m	勘探点间距/m
1	一级(复杂)	50～100	30～50
2	二级(中等复杂)	75～150	40～100
3	三级(简单)	150～300	75～200

注：1. 表中间距不适用于地球物理勘探。

2. 控制性勘探点宜占勘探点总数的 1/5～1/3，且每个地貌单元均应有控制性勘探点。

表 3-3　初步勘察勘探孔深度

序号	工程重要性等级	一般性勘探孔深度/m	控制性勘探孔深度/m
1	一级(重要工程)	≥15	≥30
2	二级(一般工程)	10～15	15～30
3	三级(次要工程)	6～10	10～20

注：1. 勘探孔包括钻孔、探井和原位测试孔等。

2. 特殊用途的钻孔除外。

(6) 详细勘察阶段应采用多种手段查明场地工程地质条件；应采用综合评价方法，对场地和地基稳定性作出结论；应对不良地质作用和特殊性岩土的防治、地基基础形式、埋深、地基处理、基坑工程支护等方案的选型提出建议；应提供设计、施工所需的岩土工程资料和参数。

（7）详细勘察阶段需解决的主要问题应包括下列内容。

① 查明建筑场地各岩土层的成因、地质年代、地层结构和均匀性以及特殊性岩土的性质，尤其应查明基础下软弱地层和坚硬地层的分布以及各岩土层的物理力学性质。对于岩质地基和基坑工程，应查明岩石的坚硬程度、岩体的完整程度、基本质量等级和风化程度。

② 查明地下水类型、埋藏条件、补给及排泄条件、腐蚀性、初见及稳定水位；提供季节变化幅度和各主要地层的渗透系数；提供基坑开挖工程应采取的地下水控制措施，当采用降水控制措施时，应分析评价降水对周围环境的影响。

③ 对地基岩土层的工程特性和地基的稳定性进行分析评价，提出各岩土层的地基承载力特征值；论证采用天然地基基础形式的可行性，对持力层选择、基础埋深等提出建议。

④ 预测地基沉降、差异沉降和倾斜等变形特征，提供计算变形所需的参数。

⑤ 对复合地基或桩基类型、适宜性、持力层选择提出建议；提供极限侧阻力、极限端阻力和变形计算的有关参数；对沉桩的可行性、施工时对环境的影响及桩基施工中应注意的问题提出意见。

⑥ 对基坑工程的设计、施工方案提出意见；提供各侧地质模型的建议。

⑦ 对不良地质作用的防治提出意见，并提供所需计算参数。

⑧ 对初步勘察中遗留的有关问题提出结论性意见。

（8）高层建筑经勘察后，当条件特别复杂时，宜由有岩土工程勘察设计资质的单位对高层建筑地基基础方案选型、主楼与裙房差异沉降的计算和处理、深基坑支护方案、降水或截水设计、地下室抗浮设计以及有关设计参数检测的试验设计等岩土工程问题，提供专门的岩土工程咨询报告。

（9）对勘察等级为甲级的高层建筑应进行沉降观测；当地下水水位较高时，宜进行地下水长期观测；当地下室埋置较深，且采用箱形、筏形基础需考虑回弹或回弹再压缩变形时，应进行回弹或回弹再压缩变形测试和观测；对基坑工程应进行基坑位移、沉降和邻近建筑、管线的变形观测。

第二节　勘察方案布设

一、天然地基勘察方案布设

天然地基勘察方案的布设要求如下。

（1）高层建筑详细勘察阶段勘探点的平面布置应符合下列要求。

① 满足高层建筑纵横方向对地基结构和地基均匀性的评价要求，需要时还应满足建筑场地整体稳定性分析的要求。

② 满足高层建筑主楼与裙楼差异沉降分析的要求，需查明持力层和下卧层的

起伏情况。

③ 满足建筑场地类别划分的要求，布设确定场地覆盖层厚度和测量土层剪切波速的勘探点。

④ 满足湿陷性黄土、膨胀土、红黏土等特殊岩土的评价要求，布设适量的探井。

⑤ 满足降水、截水设计要求，在缺乏经验的地区宜进行专门的水文地质勘察。

(2) 详细勘察阶段勘探点的平面布置，应根据高层建筑平面形状、荷载的分布情况进行，并应符合下列规定。

① 当高层建筑平面为矩形时，应按双排布设；为不规则形状时，应在凸出部位的角点和凹进部位的阴角布设勘探点。

② 在高层建筑层数、荷载和建筑体形变异较大的位置处，应布设勘探点。

③ 对勘察等级为甲级的高层建筑应在中心点或电梯井、核心筒部位布设勘探点。

④ 单幢高层建筑的勘探点数量，勘察等级为甲级的不应少于 5 个，乙级的不应少于 4 个。控制性勘探点的数量不应少于勘探点总数的 1/3 且不少于 2 个。

⑤ 高层建筑群可按建筑物平面布置并结合方格网布设勘探点。相邻的高层建筑，勘探点可互相共用。

(3) 根据高层建筑勘察等级，勘探点间距应控制在 15～35m 范围内，并符合下列规定。

① 甲级宜取较小值，乙级可取较大值。

② 在暗沟、塘、浜、湖泊沉积地带和冲沟地区；在岩性差异显著或基岩面起伏很大的基岩地区；在断裂破碎带、地裂缝等不良地质作用场地；勘探点间距宜取小值并可适当加密。

③ 在浅层岩溶发育地区，宜采用物探与钻探相配合进行，采用浅层地震勘探和孔间地震 CT 或孔间电磁波 CT 测试，查明溶洞和土洞发育程度、范围和连通性。钻孔间距宜取小值或适当加密，溶洞、土洞密集时宜在每个柱基下布设勘探点。

(4) 高层建筑详细勘察阶段勘探孔的深度应符合下列规定。

① 控制性勘探孔深度应超过地基变形的计算深度。

② 控制性勘探孔深度，对于箱形基础或筏形基础，在不具备变形深度计算条件时，可按式(3-1) 计算确定：

$$d_c = d + \alpha_c \beta b \tag{3-1}$$

式中 d_c——控制性勘探孔的深度，m；

d——箱形基础或筏形基础的埋置深度，m；

α_c——与土的压缩性有关的经验系数，根据基础下的地基主要土层按表 3-4 取值；

β——与高层建筑层数或基底压力有关的经验系数，对勘察等级为甲级的高层建筑可取 1.1，对乙级可取 1.0；

b——箱形基础或筏形基础宽度，对圆形基础或环形基础，按最大直径考虑，对不规则形状的基础，按面积换算成方形、矩形或圆形的宽度或直径考虑，m。

③ 一般性勘探孔的深度应适当大于主要受力层的深度，对于箱形基础或筏形基础可按式(3-2) 计算确定：

$$d_g = d + \alpha_g \beta b \tag{3-2}$$

式中 d_g——一般性勘探孔的深度，m；

α_g——与土的压缩性有关的经验系数，根据基础下的地基主要土层按表 3-4 取值。

表 3-4 经验系数 α_c、α_g 值

序号	系数	碎石土	砂土	粉土	黏性土(含黄土)	软土
1	α_c	0.5～0.7	0.7～0.9	0.9～1.2	1.0～1.5	2
2	α_g	0.3～0.4	0.4～0.5	0.5～0.7	0.6～0.9	1

④ 一般性勘探孔在预定深度范围内，有比较稳定且厚度超过 3m 的坚硬地层时，可钻入该层适当深度，以便正确定名和判明其性质；如在预定深度内遇到软弱地层时应加深或钻穿。

⑤ 在基岩和浅层岩溶发育地区，当基础底面下的土层厚度小于地基变形计算深度时，一般性钻孔应钻至完整、较完整的基岩面；控制性钻孔应深入完整、较完整基岩 3～5m，勘察等级为甲级的高层建筑取大值，乙级取小值；专门查明溶洞或土洞的钻孔深度应深入洞底完整地层 3～5m。

⑥ 在花岗岩残积土地区，应查清残积土和全风化岩的分布深度。计算箱形基础或筏形基础勘探孔深度时，其 α_c 和 α_g 系数，对残积砾质黏性土和残积砂质黏性土可按表 3-4 中粉土的值确定，对残积黏性土可按表 3-4 中黏性土的值确定，对全风化岩可按表 3-4 中碎石土的值确定。在预定深度内遇基岩时，控制性钻孔深度应深入强风化岩 3～5m，勘察等级为甲级的高层建筑宜取大值，乙级可取小值。一般性钻孔钻达强风化岩顶面即可。

⑦ 评价土的湿陷性、膨胀性、砂土地震液化、确定场地覆盖层厚度、查明地下水渗透性等所需的钻孔深度，应按有关规范的要求确定。

在断裂破碎带、冲沟地段、地裂缝等不良地质作用发育场地以及位于斜坡上或坡脚下的高层建筑，当需要进行整体稳定性验算时，控制性勘探孔的深度应满足评价和验算的要求。

(5) 采取不扰动土试样和原位测试。勘探点的数量不宜少于全部勘探点总数的 2/3，勘察等级为甲级的单幢高层建筑不宜少于 4 个。

(6) 采取不扰动土试样或进行原位测试的竖向间距，基础底面以下 1.0 倍基础宽度内宜为 1～2m，以下可根据土层变化情况适当加大距离。

(7) 采取岩土试样和进行原位测试应符合下列规定。

① 每幢高层建筑每一主要土层内采取不扰动土试样的数量或进行原位测试的次数不应少于 6 件次（组）。

② 在地基主要受力层内，对厚度大于 0.5m 的夹层或透镜体，应采取不扰动土试样或进行原位测试。

③ 当土层性质不均匀时，应增加取土数量或原位测试次数。

④ 岩石试样的数量各层不应少于 6 件（组）。

⑤ 地下室侧墙计算、基坑边坡稳定性计算或锚杆设计所需的抗剪强度试验指标，各主要土层应采取不少于 6 件（组）的不扰动土试样。

(8) 对勘察等级为甲级的高层建筑，或工程经验缺乏，或研究程度较差的地区，宜进行荷载试验确定天然地基持力层的承载力特征值和变形参数。

二、桩基勘察方案布设

桩基勘察方案布设的具体要求如下。

(1) 对于端承型桩，勘探点的平面布置应符合下列规定。

① 勘探点应按柱列线布设，其间距应能控制桩端持力层层面和厚度的变化，宜为 12～24m。

② 在勘探过程中发现基岩中有断层破碎带，或桩端持力层为软、硬交互层，或相邻勘探点所揭露桩端持力层层面坡度超过 10%，且单向倾伏时，钻孔应适当加密；荷载较大或复杂地基的一柱一桩工程，应每柱设置勘探点。

③ 岩溶发育场地当以基岩作为桩端持力层时，应按柱位布孔，同时应辅以各种有效的地球物理勘探手段，以查明拟建场地范围及有影响地段的各种岩溶洞隙和土洞的位置、规模、埋深、岩溶堆填物性状和地下水特征。

④ 控制性勘探点不应少于勘探点总数的 1/3。

(2) 对于摩擦型桩，勘探点的平面布置应符合下列规定。

① 勘探点应按建筑物周边或柱列线布设，其间距宜为 20～35m，当相邻勘探点揭露的主要持力层或软弱下卧层层位变化较大，影响到基础方案选择时，应适当加密勘探点。带有裙房或外扩地下室的高层建筑，布设勘探点时应与主楼一同考虑。

② 桩基工程勘探点数量应视工程规模大小而定，勘察等级为甲级的单幢高层建筑勘探点数量不宜少于 5 个，乙级不宜少于 4 个，对于宽度大于 35m 的高层建筑，其中心应布置勘探点。

③ 控制性的勘探点应占勘探点总数的 1/3～1/2。

(3) 对于端承型桩，勘探孔的深度应符合下列规定。

① 当以可压缩地层（包括全风化和强风化岩）作为桩端持力层时，勘探孔深度应能满足沉降计算的要求，控制性勘探孔的深度应深入预计桩端持力层以下 5～10m 或 (6～10)d（d 为桩身直径或方桩的换算直径，直径大的桩取小值，直径小的桩取大值），一般性勘探孔的深度应达到预计桩端持力层以下 3～5m 或 (3～5)d。

② 对一般岩质地基的嵌岩桩，勘探孔深度应钻入预计嵌岩面以下 (1～3)d，对控制性勘探孔应钻入预计嵌岩面以下 (3～5)d，对质量等级为Ⅲ级以上的岩体，可适当放宽。

③ 对花岗岩地区的嵌岩桩，一般性勘探孔深度应进入微风化岩 3～5m，控制

性勘探孔应进入微风化岩5～8m。

④ 对于岩溶、断层破碎带地区，勘探孔应穿过溶洞或断层破碎带进入稳定地层，进入深度应满足$3d$，并不小于5m。

⑤ 具多韵律薄层状的沉积岩或变质岩，当基岩中强风化、中等风化、微风化岩呈交互层出现时，对拟以微风化岩作为持力层的嵌岩桩，勘探孔进入微风化岩的深度不应小于5m。

（4）对于摩擦型桩，勘探孔的深度应符合下列规定。

① 一般性勘探孔的深度应进入预计桩端持力层或预计最大端入土深度以下不小于3m。

② 控制性勘探孔的深度应达群桩桩基（假想的实体基础）沉降计算深度以下1～2m，群桩桩基沉降计算深度宜取桩端平面以下附加应力为上覆土层有效自重应力20%的深度，或按桩端平面以下（1～1.5)b（b为假想实体基础宽度）的深度考虑。

（5）桩基勘察的岩（土）试样采取及原位测试工作应符合下列规定。

① 对桩基勘探深度范围内的每一主要土层，应采取土试样，并根据土质情况选择适当的原位测试，取土数量或测试次数不应少于6组（次）。

② 对嵌岩桩桩端持力层段岩层，应采取不少于6组的岩样进行天然和饱和单轴抗压强度试验。

③ 以不同风化带作为桩端持力层的桩基工程，勘察等级为甲级的高层建筑进行勘察时，控制性钻孔宜进行压缩波波速测试，按完整性指数或波速比定量划分岩体完整程度和风化程度。

三、复合地基勘察方案布设

复合地基勘察方案布设的具体内容如下。

（1）复合地基勘察前，应搜集必要的基础资料，并应着重搜集本地区同类建筑的复合地基工程经验，明确本地区需要解决的主要岩土工程问题、适宜的增强体类型、设计施工常见问题及处理方法。

（2）高层建筑复合地基勘察方案，其勘探点平面布设应按照天然地基勘察方案布设，当适宜作为桩端持力层的顶板高程、厚度变化较大时，应加密勘探点，探明其变化；查明建筑场地各土层的分布及性状和地下水的分布及类型，并取得各土层承载力特征值、压缩模量以及计算单桩承载力、变形等所需的参数。

（3）应根据建筑地基处理目的和可能采用的复合地基增强体类型，设计勘察试验方案。需重点查明的问题应符合下列要求。

① 以消除黄土湿陷性为目的而采用土或灰土桩挤密等方案时，应重点查明场地湿陷类型、地基湿陷等级、湿陷性土层的分布范围，非湿陷性土层的埋深及性质。提供地基土的湿陷系数、自重湿陷系数、干密度、含水量、最大干密度和最优含水量等指标。

② 以消除砂土、粉土液化为目的而采用砂石桩挤密等方案时，应重点查明建

筑场地液化等级，提供地基土层的标准贯入试验锤击数、比贯入阻力、相对密度和液化土层的层位及厚度。

③ 以提高高层建筑地基承载力和减小沉降或差异沉降为目的而采用柔性增强体、半刚性增强体复合地基方案时，应查明相对软弱土层的分布范围、深度和厚度情况并收集设计、施工所需的有关技术资料。对黏性土地基，应取得地基土的压缩模量、不排水抗剪强度、含水量、地下水位及 pH 值、有机质含量等指标；对砂土和粉土地基应取得天然孔隙比、相对密度、标准贯入试验锤击数等指标。

④ 高层建筑采用刚性桩复合地基方案时，应查明承载力较高、适宜作为桩端持力层的土层埋深和厚度及其物理力学性质以及地基土的承载力特征值。

（4）高层建筑复合地基承载力特征值和变形参数应在施工图设计期间通过设计参数检测-复合地基荷载试验确定。在有经验的地区，可依据增强体的荷载试验结果和桩间土的承载力特征值，结合地区经验计算确定；在缺乏经验的地区，尚应进行不同桩径、桩长、置换率等的复合地基荷载试验。

四、基坑工程勘察方案布设

基坑工程勘察方案布设的具体内容如下。

（1）基坑工程勘察应与高层建筑地基勘察同步进行。初步勘察阶段应初步查明场地环境情况和工程地质条件、预测基坑工程中可能产生的主要岩土工程问题；详细勘察阶段应在详细查明场地工程地质条件的基础上，判断基坑的整体稳定性，预测可能的破坏模式，为基坑工程的设计、施工提供基础资料，对基坑工程等级、支护方案提出建议。

（2）基坑工程勘察前，委托方应提供以下资料。

① 邻近的建（构）筑物的结构类型、层数、地基、基础类型、埋深、持力层及上部结构现状。

② 周边各类管线及地下工程情况。

③ 周边地表水汇集、排泄以及地下管网分布及渗漏情况。

④ 周边道路等级情况等。

（3）勘察区范围宜达到基坑边线以外两倍以上基坑深度，勘探点宜沿地下室周边布置，边线以外以调查或搜集资料为主，为查明某些专门问题可在边线以外布设勘探点。勘探点的间距根据地质条件的复杂程度宜为 15～30m，当遇暗浜、暗塘或填土厚度变化很大或基岩面起伏很大时，宜加密勘探点。

（4）勘探孔的深度不宜小于基坑深度的两倍；对深厚软土层，控制性勘探孔应穿透软土层；为满足降水或截水设计需要，控制性勘探孔应穿透主要含水层进入隔水层一定深度；在基坑深度内，遇微风化基岩时，一般性勘探孔应钻入微风化岩层 1～3m，控制性勘探孔应超过基坑深度 1～3m；控制性勘探点宜为勘探点总数的 1/3，且每一基坑侧边不宜少于 2 个控制性勘探点。

第三节　地下水勘察

高层建筑地下水勘察的具体内容如下。

（1）根据高层建筑的工程需要，应采用调查与现场勘察方法，查明地下水的性质和变化规律，提供水文地质参数；针对地基基础形式、基坑支护形式、施工方法等情况，分析评价地下水对地基基础设计、施工和环境的影响，预估可能产生的危害，提出预防和处理措施的建议。已有地区经验或场地水文地质条件简单，且有常年地下水位监测资料的地区，地下水的勘察可适当减少勘探工作量。

（2）可通过调查方法掌握地下水的性质和规律，调查宜包括下列内容。

① 地下水的类型、主要含水层及其渗透特性。

② 地下水的补给排泄条件、地表水与地下水的水力联系。

③ 历史最高、最低地下水位及近 3～5 年水位变化趋势和主要影响因素。

④ 区域性气象资料。

⑤ 地下水腐蚀性和污染源情况。

（3）当在无勘察资料的地区，且地下水的变化或含水层的水文地质特性对地基评价、地下室抗浮和工程降水有重大影响时，在调查的基础上，应进行专门的水文地质勘察，并应符合下列要求。

① 查明地下水类型、水位及其变化幅度。

② 查明与工程相关的含水层相互之间的补给关系。

③ 测定地层渗透系数等水文地质参数。

④ 对缺乏常年地下水监测资料的地区，在初步勘察阶段应设置长期观测孔或安装孔隙水压力计。

⑤ 对与工程结构有关的含水层，应采取有代表性的水样进行水质分析。

⑥ 在岩溶地区，应查明场地岩溶裂隙水的主要发育特征及其不均匀性。

（4）当场地有多层对工程有影响的地下水时，应采取止水措施将被测含水层与其他含水层隔离后，测定地下水位或承压水头高度。必要时，宜埋设孔隙水压力计，或采用孔压静力触探试验进行量测。但在黏性土中应有足够的消散时间。

（5）含水层的渗透系数等水文地质参数的测定，应根据岩土层特性和工程需要，宜采用现场钻孔或探井抽水试验、注水试验或压水试验求得。

（6）应按下列内容评价地下水对工程的作用和影响。

① 对地基基础、地下结构应考虑在最不利荷载组合情况下，地下水对结构的上浮作用。

② 验算边坡稳定性时，应考虑地下水及其动水压力对边坡稳定性的不利影响。

③ 采取降水措施时，在地下水位下降的影响范围内，应考虑地面沉降及其对工程的危害。

④ 当地下水位回升时，应考虑可能引起的回弹和附加的浮托力等。

⑤ 在湿陷性黄土地区，应考虑地下水位上升对湿陷性的影响。

⑥ 在有水头压差的粗细砂、粉土地层中，应评价产生潜蚀、流砂、管涌的可能性。

⑦ 在地下水位以下开挖基坑，应评价降水或截水措施的可行性及其对基坑稳定性和周边环境的影响。

⑧ 当基坑底下存在高水头的承压含水层时，应评价坑底土层的隆起或产生突涌的可能性。

⑨ 对地下水位以下的工程结构，应评估地下水对混凝土和金属材料的腐蚀性。

(7) 基坑工程中采取降低地下水位的措施应满足下列要求。

① 施工中地下水位应保持在基坑底面下0.5～1.5m。

② 降水过程中应防止渗透水流的不良作用。

③ 深层承压水可能引起突涌时，应采取降低基坑下承压水头的减压措施。

④ 应对可能受影响的既有建（构）筑物、道路和地下管线等设施进行监测，必要时应采取防护措施。

第四节　室内试验

高层建筑室内试验的具体内容如下。

(1) 计算地基承载力所需的抗剪强度试验应符合下列规定。

① 对勘察等级为甲级的高层建筑，所采取的土试样质量等级应符合Ⅰ级，且应进行三轴压缩试验。

② 抗剪强度试验的方法应根据施工速度、地层条件和计算公式等选用，尽可能符合建筑和地基土的实际受力状况。对饱和黏性土或施工速率较快、排水条件差的土可采用不固结不排水试验（UU）；对饱和软土，应将试样在有效自重压力预固结后再进行试验，按总应力法提供 c_{uu}（土体颗粒间的黏聚力）、φ_{uu}（土体颗粒间的内摩擦角）参数；经过预压固结的地基，可根据其固结程度采用固结不排水试验（CU），按总应力法提供 c_{uu}、φ_{uu} 参数。

③ 三轴压缩试验结果应提供摩尔圆及其强度包线。

(2) 计算地基沉降的压缩性指标，根据工程的不同计算方法，可采用下列试验方法。

① 当采用单轴压缩试验的压缩模量按分层总和法进行沉降计算时，其最大压力值应超过预计的土的有效自重压力与附加压力之和，压缩性指标应取土的有效自重压力至土的有效自重压力与附加压力之和压力段的计算值。

② 当采用考虑应力历史的固结沉降计算时，应采用Ⅰ级土样进行试验。试验的最大压力应满足绘制完整的 e-lg$p$ 曲线的需要，以求得先期固结压力 p_c、压缩指数 C_c 和回弹再压缩指数 C_r，回弹压力宜模拟现场卸荷条件。

③ 当需进行群桩基础变形验算时，对桩端平面以下压缩层范围内的土，应测求土的压缩性指标。试验压力不应小于实际土的有效自重压力与附加压力之和。

④ 当需要考虑基坑开挖卸荷引起的回弹量时，应进行测求回弹模量和回弹再压缩模量的试验，以模拟实际加荷卸荷情况，其压力的施加宜与实际加、卸荷状况一致。回弹模量和回弹再压缩模量的试验方法、稳定标准等应符合现行国家标准《土工试验方法标准》（GB/T 50123—2019）中标准固结试验的要求，试验前应做试验设计。

（3）基坑开挖需要采用明沟、井点或管井抽水降低地下水位时，宜根据土性情况对有关土层进行常水头或变水头渗透试验。

（4）为验算边坡稳定性和基坑工程等支挡设计所进行的抗剪强度试验，对黏性土宜采用三轴压缩试验。当按总应力法计算时，验算地基整体稳定性宜采用不固结不排水试验（UU），提供 c_{uu}、φ_{uu} 参数，对饱和软土应对试样在有效自重压力预固结后再进行试验；计算土压力可采用固结不排水试验（CU），提供 c_{uu}、φ_{uu} 参数。当按有效应力法计算时，宜采用测孔隙水压力的固结不排水试验（$\overline{\mathrm{CU}}$），提供有效强度的 c'、φ'参数。

（5）当需根据室内试验结果确定嵌岩桩单桩竖向极限承载力时，应进行饱和单轴抗压强度试验。对于在地下水位以下、多韵律薄层状的黏土质沉积岩或变质岩，可采用天然湿度试样，不进行饱和处理；对较为破碎的中等风化带岩石，取样确有困难时，可取样进行点荷载强度试验，其试验标准及与岩石单轴抗压强度的换算关系应分别按现行国家标准《工程岩体试验方法标准》（GB/T 50266—2013）及《工程岩体分级标准》（GB/T 50218—2014）中的有关规定执行。

（6）当进行地震反应分析和地基液化判别时，可采用动三轴试验、动单剪试验和共振柱试验，测定地基土的动剪变（切）模量和阻尼比等参数。动应变适用范围：对动三轴和动单剪为 10^{-4}～10^{-2}，对共振柱为 10^{-6}～10^{-4}。

第五节　原位测试

在高层建筑岩土工程勘察中，原位测试方法应根据岩土条件、设计对参数的需要以及测试方法的适用性等因素综合确定，原位测试成果应结合地区工程经验综合分析后使用，原位测试的试验项目、测定参数、主要试验目的可参照表 3-5 的规定。

表 3-5　高层建筑岩土工程勘察中的原位测试项目

序号	试验项目	测定参数	主要测试目的
1	荷载试验	比例界限压力 p_0(kPa) 极限压力 p_u(kPa) 压力与变形关系	评定岩土承载力； 估算土的变形模量； 计算土的基床系数

续表

序号	试验项目	测定参数	主要测试目的
2	静力触探试验	单桥比贯入阻力 p_s(kPa) 双桥锥尖阻力 q_c(kPa) 侧壁摩阻力 f_s(kPa) 摩阻比 R_f(%) 孔压静力触探的孔隙水压力 u(kPa)	判别土层均匀性和划分土层； 选择桩基持力层、估算单桩承载力； 估算地基土承载力和压缩模量； 判断沉桩可能性； 判别地基土液化可能性及等级
3	标准贯入试验	标准贯入击数(击)	判别土层均匀性和划分土层； 判别地基液化可能性及等级； 估算地基承载力和压缩模量； 估算砂土密实度及内摩擦角； 选择桩基持力层、估算单桩承载力； 判断沉桩的可能性
4	动力触探试验	动力触探击数 N_{10}、$N_{63.5}$、N_{120}(击)	判别土层均匀性和划分地层； 估算地基土承载力和压缩模量； 选择桩基持力层、估算单桩承载力
5	十字板剪切试验	不排水抗剪强度峰值 c_u(kPa) 残余值 c_u'(kPa)	测求饱和黏性土的不排水抗剪强度和灵敏度； 估算地基土承载力和单桩承载力； 计算边坡稳定性； 判断软黏性土的应力历史
6	现场渗透试验	岩土层渗透系数 k(cm/s) 必要时测定释水系数 μ^* 等	为重要工程或深基坑工程的设计提供土的渗透系数、影响半径、单井涌水量等
7	旁压试验	初始压力 p_0(kPa) 临塑压力 p_f(kPa) 极限压力 p_L(kPa) 旁压模量 E_m(kPa)	测求地基土的临塑荷载和极限荷载强度从而估算地基土的承载力； 测求地基土的变形模量，从而估算沉降量； 估算桩基承载力； 计算土的侧向基床系数； 自钻式旁压试验可确定土的原位水平应力和静止侧压力系数
8	扁铲侧胀试验	侧胀模量 ED(kPa) 侧胀土性指数 I_D 侧胀水平应力指数 K_D 侧胀孔压指数 U_D	划分土层和区分土类； 计算土的侧向基床系数； 判别地基土液化可能性
9	波速测试	压缩波速 v_p(m/s) 剪切波速 v_s(m/s)	划分场地类别； 提供地震反应分析所需的场地参数； 评价岩体完整性； 估算场地卓越周期
10	场地微振动测试	场地卓越周期 T(s) 脉动幅值	确定场地卓越周期

第六节 岩土工程评价

一、场地稳定性评价

高层建筑的场地稳定性评价内容要点如下。

(1) 高层建筑岩土工程勘察应查明影响场地稳定性的不良地质作用，评价其对场地稳定性的影响程度。

(2) 对有直接危害的不良地质作用地段，不得选作高层建筑建设场地。对于有不良地质作用存在，但经技术经济论证可以治理的高层建筑场地，应提出防治方案，采取安全可靠的整治措施。

(3) 高层建筑场地稳定性评价应符合下列要求。

① 评价划分建筑场地属有利、不利或危险地段，提供建筑场地类别和岩土的地震稳定性评价。对需要采用时程分析法进行补充计算的建筑，尚应根据设计要求提供具有代表性的地层结构剖面、场地覆盖层厚度和有关动力参数。

② 应避开浅埋的全新世活动断裂和发震断裂，避让的最小距离应按表 3-6 的规定确定。

表 3-6 发震断裂的最小避让距离 单位：m

序号	烈度	建筑抗震设防类别			
		甲	乙	丙	丁
1	8	专门研究	300	200	—
2	9	专门研究	500	300	—

③ 可不避开非全新世活动断裂，但应查明破碎带发育程度，并采取相应的地基处理措施。

④ 应避开正在活动的地裂缝，避开的距离和采取的措施应按有关地方标准的规定确定。

⑤ 在地面沉降持续发展的地区，应搜集地面沉降历史资料，预测地面沉降发展趋势，提出针对高层建筑应采取的措施。

(4) 位于斜坡地段的高层建筑，其场地稳定性评价应符合下列规定。

① 高层建筑场地不应选在滑坡体上。对于选在滑坡体附近的建筑场地，应对滑坡进行专门勘察，验算滑坡稳定性，论证建筑场地的适宜性，并提出治理措施。

② 位于坡顶或临近边坡下方的高层建筑，应评估边坡整体稳定性，分析判断整体滑动的可能性。

③ 当边坡整体稳定时，尚应验算基础外边缘至坡顶的安全距离。

④ 位于边坡下的高层建筑，应根据边坡整体稳定性的论证分析结果，确定坡脚的安全距离。

(5) 抗震设防地区的高层建筑场地应选择在抗震有利地段，避开不利地段，当不能避开时，应采取有效的防护治理措施，并严禁在危险地段建设高层建筑。

（6）应根据土层等效剪切波速和场地覆盖层厚度划分建筑场地类别。抗震设防烈度为7～9度地区，均应采用多种方法综合判定饱和砂土和粉土（不含黄土）地震液化的可能性，并提出处理措施的建议；6度地区一般不进行判别和处理，但对液化沉陷敏感的乙类建筑可按7度的要求进行判别和处理。

（7）在溶洞和土洞强烈发育地段，应查明基础底面以下溶洞、土洞的大小和顶板厚度，研究地基加固措施。经技术经济分析认为不可取时，应另选场地。在地下采空区，应查明采空区上覆岩层的性质、地表变形特征、采空区的埋深和范围，根据高层建筑的基底压力，评价场地稳定性。对有塌陷可能的地下采空区，应另选场地。

二、天然地基评价

天然地基评价的具体内容如下。

（1）天然地基分析评价应包括以下基本内容。

① 评价场地、地基稳定性和提出处理措施的建议。

② 评价地基均匀性。

③ 确定和提供各岩土层尤其是地基持力层的承载力特征值的建议值和使用条件。

④ 预测高层和高低层建筑地基的变形特征。

⑤ 对地基基础方案提出建议。

⑥ 抗震设防区应对场地地段划分、场地类别、覆盖层厚度、地震稳定性等作出评价。

⑦ 对地下室防水和抗浮进行评价。

⑧ 基坑工程评价。

（2）天然地基极限承载力可按式(3-3）估算：

$$f_u = 1/2N_\gamma\zeta_\gamma b\gamma + N_q\zeta_q\gamma_0 d + N_c\zeta_c c_k \tag{3-3}$$

式中 f_u——地基极限承载力；

N_γ，N_q，N_c——地基承载力系数，根据地基持力层代表性内摩擦角标准值 φ（°），按表3-7确定；

表3-7 极限承载力系数表

φ_k/(°)	N_c	N_q	N_γ	φ_k/(°)	N_c	N_q	N_γ
0	5.14	1	0	6	6.81	1.72	0.57
1	5.38	1.09	0.07	7	7.16	1.88	0.71
2	5.63	1.2	0.15	8	7.53	2.06	0.86
3	5.9	1.31	0.24	9	7.92	2.25	1.03
4	6.19	1.43	0.34	10	8.35	2.47	1.22
5	6.49	1.57	0.45	11	8.8	2.71	1.44

续表

φ_k/(°)	N_c	N_q	N_γ	φ_k/(°)	N_c	N_q	N_γ
12	9.28	2.97	1.69	32	35.49	23.18	30.22
13	9.81	3.26	1.97	33	38.64	26.09	35.19
14	10.37	3.59	2.29	34	42.16	29.44	41.06
15	10.98	3.94	2.65	35	46.12	33.3	48.03
16	11.63	4.34	3.06	36	50.59	37.75	56.31
17	12.34	4.77	3.53	37	55.63	42.92	66.19
18	13.1	5.26	4.07	38	61.35	48.93	78.03
19	13.93	5.8	4.68	39	67.87	55.96	92.25
20	14.83	6.4	5.39	40	75.31	64.2	109.41
21	15.82	7.07	6.2	41	83.86	73.9	130.22
22	16.88	7.82	7.13	42	93.71	85.38	155.55
23	18.05	8.66	8.2	43	105.11	99.02	186.54
24	19.32	9.6	9.44	44	118.37	115.31	224.64
25	20.72	10.66	10.88	45	133.88	134.88	271.76
26	22.25	11.85	12.54	46	152.1	158.51	330.35
27	23.94	13.2	14.47	47	173.64	187.21	403.67
28	25.8	14.72	16.72	48	199.26	222.31	496.01
29	27.86	16.44	19.34	49	229.93	265.51	613.16
30	30.14	18.4	22.4	50	266.89	319.07	762.86
31	32.67	20.63	25.99				

ζ_γ，ζ_q，ζ_c——基础形状修正系数；

b——基础（包括箱形基础和筏形基础）底面的宽度，当基础宽度大于 6m 时，取 $b=6$m；

γ_0，γ——基底以上和基底组合持力层的土体平均重度，kN/m^3；

d——基础埋置深度，m；

c_k——地基持力层代表性黏聚力标准值。

关于 γ_0 和 γ 的取值，位于地下水位以下且不属于隔水层的土层取浮重度；当基底土层位于地下水位以下但属于隔水层时，γ 可取天然重度；如基底以上的地下水与基底高程处的地下水之间有隔水层，基底以上土层在计算 γ_0 时可取天然重度。

基础埋置深度 d 应根据不同情况按下列规定选取：一般自室外地面算起；对于地下室采用箱形或筏形基础时，自室外天然地面起算，采用独立柱基或条形基础时，从室内地面起算；在填方整平地区，可自填土地面起算；但若填方在上部结构施工后完成，自填方前的天然地面起算；当高层建筑周边附属建筑为超补偿基础时，宜分析并考虑周边附属建筑基底压力低于土层自重压力的影响。

（3）天然地基方案应在拟建场地整体稳定性的基础上进行分析论证，并应考虑其对附近的、相邻的既有建筑或拟建建筑、地下设施和地基条件可能产生的显著的影响。

（4）在天然地基方案的工程分析中，地基承载力验算采用荷载效应标准组合，地基变形验算采用荷载效应准永久组合。

（5）符合下列情况之一者，应判定为不均匀地基。对判定为不均匀的地基，应进行沉降、差异沉降、倾斜等特征的分析评价，并提出相应建议。

① 地基持力层跨越不同地貌单元或工程地质单元，工程特性差异显著。

② 地基持力层虽属于同一地貌单元或工程地质单元，但遇下列情况之一：中-高压缩性地基，持力层底面或相邻基底标高的坡度大于10%；中-高压缩性地基，持力层及其下卧层在基础宽度方向上的厚度差值大于0.05b（b为基础宽度）；同一高层建筑虽处于同一地貌单元或同一工程地质单元，但各处地基土的压缩性有较大差异时，可在计算各钻孔地基变形计算深度范围内当量模量的基础上，根据当量模量最大值$\overline{E}_{s\max}$和当量模量最小值$\overline{E}_{s\min}$的比值判定地基均匀性。当$\dfrac{\overline{E}_{s\max}}{\overline{E}_{s\min}}$大于地基不均匀系数界限值$K$时，可按不均匀地基考虑。$K$值可参考表3-8。

表3-8　地基不均匀系数界限值K

同一建筑物下各钻孔压缩模量当量值$\overline{E}_s$的平均值/(N/mm^2)	不均匀系数界限值K
≤4	1.3
7.5	1.5
15	1.8
>20	2.5

三、桩基评价

桩基评价的具体要求如下。

（1）桩基评价应包括以下基本内容。

① 推荐经济合理的桩端持力层。

② 对可能采用的桩型、规格及相应的桩端入土深度（或高程）提出建议。

③ 提供所建议桩型的侧阻力、端阻力以及桩基设计、施工所需的其他岩土参数。

④ 对沉（成）桩可能性、桩基施工对环境影响的评价和对策以及其他设计、施工注意事项提出建议。

（2）当工程需要且条件具备时，可对下列内容进一步评价或提出专门的工程咨询报告。

① 估算单桩、群桩的承载力和桩基沉降量，提供与建议桩基方案类似的工程实例或试桩及沉降方案。

② 对各种可能的桩基方案进行技术经济分析比选，并提出建议。

③ 对欠固结土和大面积堆载情况下的桩基，分析桩侧产生负摩阻力的可能性及其对桩基承载力的影响，并提出相应的防治措施。

（3）选择桩端持力层应符合下列规定。

① 持力层宜选择层位稳定、压缩性较低的可塑～坚硬状态的黏性土、中密以上的粉土、砂土、碎石土和残积土以及不同风化程度的基岩；不宜选择可液化土

层、湿陷性土层或软土层。

② 当存在相对软弱下卧层时，持力层厚度宜为 6～10 倍桩径；扩底的持力层厚度宜超过 3 倍扩底直径；且均不宜小于 5m。

（4）桩型选择应根据工程性质、地质条件、施工条件、场地周围环境及经济指标等因素综合考虑确定。

① 当持力层顶面起伏不大，坡度小于 10%，周围环境允许且沉桩可能时，可采用钢筋混凝土预制桩。

② 当荷载较大、桩较长或需穿越一定厚度的坚硬土层，且选用较重的锤，锤击过程可能使桩身产生较大锤击应力时，宜采用预应力桩；或经方案比较，证明技术、经济合理可行时，也可采用钢桩。

③ 当土层中有难以清除的孤石或有硬质夹层、岩溶地区或基岩面起伏大的地层时，均不宜采用钢筋混凝土预制桩、预应力桩和钢桩，而可采用混凝土灌注桩。

④ 在基岩埋藏相对较浅，单柱荷载较大时，宜采用以不同风化程度为持力层的冲孔、钻孔挖孔、扩底或嵌岩钢筋混凝土灌注桩。

⑤ 当场地周围环境保护要求较高、采用钢筋混凝土预制桩或预应力桩难以控制沉桩挤土影响时，可采用钻孔混凝土灌注桩或钢桩（指采用压入式 H 型钢）。

（5）当打（压）入桩需贯穿的岩土层中夹有一定厚度的（或需进入一定深度的）坚硬状态黏性土、中密以上的粉土、砂土、碎石土和全风化、强风化基岩时，应根据各岩土组成的力学特性，类似工程经验，桩的结构、强度、形式，设备能力等综合考虑其沉桩的可能性；当无法准确判断时，宜在工程桩施工前进行沉桩试验，测定贯入阻力（指压入），总锤击数、最后 1m 锤击数及贯入度（指打入桩）或在沉桩过程中进行高应变动力法试验（指打入），测定打桩过程中桩身压应力和拉应力；根据试验结果评定沉桩可能性、进入持力层后单桩承载力的变化以及其他施工参数。

（6）沉（成）桩对周围环境的主要影响的分析评价内容宜包括以下内容。

① 考虑锤击沉桩产生的多次反复振动，对邻近既有建（构）筑物及公用设施等造成的损害。

② 对饱和黏性土地基，宜考虑大量、密集的挤土桩或部分挤土桩对邻近既有建（构）筑物和地下管线等造成的影响。

③ 大直径挖孔桩成孔时，宜充分考虑松软地层可能坍塌的影响、降水对周围环境的影响以及有毒有害或可燃气体对人身安全的影响。

④ 考虑灌注桩施工中产生的泥浆对环境的污染。

（7）单桩承载力应通过现场静荷载试验确定。估算单桩承载力时应结合地区的经验，根据静力触探试验、标准贯入试验或旁压试验等原位测试结果进行计算，并参照地质条件类似的试桩资料综合确定。单桩竖向承载力特征值 R_a 可按式(3-4)确定：

$$R_a=\frac{Q_u}{K} \tag{3-4}$$

式中　R_a——单桩竖向承载力特征值，kN；

Q_u——单桩竖向极限承载力，kN；

K——安全系数，按所列计算式估算的 Q_u 值，均可取 $K=2$。

四、高低层建筑差异沉降评价

下列情况之一应进行高低层建筑差异沉降分析评价：主体与裙房或附属地下建筑结构之间不设永久沉降缝；内部荷载差异显著，平面不规则或荷载分布不均造成建筑物显著偏心；采用不同类型的基础；不均匀地基或压缩性较高的地基。

事前基本掌握地基条件时，宜在勘察前与设计单位共同研究可能采用的适宜地基方案，以提高勘察阶段基础工程问题分析的针对性。在详细勘察阶段，差异沉降分析可根据各建筑物或建筑部分的基底平均竖向荷载分别估算建筑重心、角点的地基沉降量。沉降估算应包括相邻建筑和结构施工完成后地基剩余沉降的影响，结合基础整体刚度情况和实测资料进行类比，综合评估各建筑部分的沉降特性及其影响。处于超补偿状态的基础，应采用地基回弹再压缩模量和建筑基底总压力进行沉降估算。在进行差异沉降分析时，必须取得分析所需的、充分可靠的地基数据和资料。当数据资料不能满足要求时，应由原勘察单位按要求进行补充勘测并提供所需成果。

对荷载差异显著的高低层建筑工程，在下列情况下，宜采用经过工程验证的模型按照上部结构、基础与地基的共同作用进行分析，为确定地基方案提供依据。

（1）采取可行的设计、施工调整措施后，相邻建筑或建筑部分估算的差异沉降接近现行规范限值或设计允许的极限值时。

（2）按沉降控制设计的摩擦桩。

（3）高层建筑主楼及其附属建筑采用联合基础时。

（4）当基坑开挖引起的地基回弹再压缩量占地基总沉降量的比例很大时。

在进行沉降估算和结构-地基共同作用分析时，应考虑以下基本因素的影响：地下水位和土工试验参数的正确选择；地基承载力的验算分析；地基回弹再压缩的影响；桩间土对建筑基底荷载的分担；施工顺序、施工阶段和施工后浇带的影响；结构施工完成后至沉降稳定的地基剩余沉降。

当预测的差异沉降可能超过现行规范标准或设计的限制时，应对结构设计或施工提出减少地基差异沉降不利影响的建议，包括：调整地基持力层，高层建筑部分宜选择固结较快、后期沉降小的土层和岩层；裙房部分宜选择压缩性较高的土层；不同建筑物或建筑部分的建造顺序；设置沉降缝或施工缝（后浇带）及其位置，确定后浇带的浇筑时间；适当扩大高层建筑的部分基底面积；低层裙房、地下建筑物采用条基或独立柱基（加防水板），增加结构自重、配重或覆土；在不影响建筑使用功能的条件下，适当增加裙房墙体结构；调整高层建筑与裙房之间的连接刚度，或进行桩长、桩径、桩间间距的优化；进行局部换土、加固处理或采用局部深基础方案；减少地基差异沉降的措施，宜兼顾建筑基础结构的抗浮问题等。进行上部结构、基础与地基共同作用分析的工程，应进行基坑回弹与沉降监测，作为信息化施工决策和技术验证的依据。

第七节　岩土工程勘察报告

一、一般规定

高层建筑岩土工程勘察报告应结合高层建筑的特点和主要岩土工程问题进行编写，做到资料完整、真实准确、数据无误、图表清晰、结论有据、建议合理、便于使用，并应因地制宜、重点突出，有明确的工程针对性。文字与图表部分应相互配合、相辅相成、前后呼应。若工程需要，根据任务要求，可进行有关的专门岩土工程勘察与评价，并提交专题咨询报告。勘察报告、术语、符号、计量单位等均应符合国家有关标准的规定。

二、勘察报告主要内容和要求

勘察报告主要内容和相关要求如下。

(1) 初步勘察报告应满足高层建筑初步设计的要求，对拟建场地的稳定性和建筑适宜性作出明确结论，为合理确定高层建筑总平面布置，选择地基基础结构类型，防治不良地质作用提供依据。

(2) 详细勘察报告应满足施工图设计要求，为高层建筑地基基础设计、地基处理、基坑工程基础施工方案及降水截水方案的确定等提供岩土工程资料，并应作出相应的分析和评价。

(3) 高层建筑岩土工程勘察详细勘察阶段报告，除应满足一般建筑详细勘察报告的基本要求外，尚应包括下列主要内容。

① 高层建筑的建筑、结构及荷载特点，地下室层数，基础埋深及形式等情况。

② 场地和地基的稳定性、不良地质作用、特殊性岩土和地震效应评价。

③ 采用天然地基的可能性，地基均匀性评价。

④ 复合地基和桩基的桩型和桩端持力层选择的建议。

⑤ 地基变形特征预测。

⑥ 地下水和地下室抗浮评价。

⑦ 基坑开挖和支护的评价。

(4) 详勘报告应阐明影响高层建筑的地基稳定性、不良地质作用的分布及发育情况，评价其对工程的影响。

(5) 详勘报告应对地基岩土层的空间分布规律、均匀性、强度和变形状态，及与工程有关的主要地层特性进行定性和定量评价。

（6）详勘报告应阐明场地地下水的类型、埋藏条件、水位、渗流状态及相关水文地质参数，应评价地下水的腐蚀性及对深基坑、边坡等的不良影响。必要时应分析地下水对成桩工艺及复合地基施工的影响。

（7）天然地基方案应对地基持力层及下卧层进行分析，提出地基承载力和沉降计算的参数，必要时应结合工程条件对地基变形进行分析评价。当采用岩石地基作为地基持力层时，应根据地层、岩性及风化破碎程度划分不同的岩体质量单元，并提出各单元的地基承载力。

（8）桩基方案应分析提出桩型、桩端持力层的建议，提供桩基承载力和桩基沉降计算的参数，必要时应进行不同情况下桩基承载力和桩基沉降量的分析与评价，对各种可能选用的桩基方案宜进行必要的分析比较并提出建议。

（9）复合地基方案应根据高层建筑特征及场地条件提出一种或几种复合地基加固方案，并分析确定加固深度或桩端持力层。应提供复合地基承载力及变形分析计算所需的岩土参数，条件具备时，应分析评价复合地基承载力及复合地基的变形特征。

（10）高层建筑基坑工程应根据基坑的规模及场地条件，提出基坑工程安全等级和支护方案的建议，并对基坑各侧壁的地质模型提出建议。应根据场地水文地质条件，对地下水控制方案提出建议。

（11）应根据可能采用的地基基础方案、基坑支护方案以及场地的工程地质、水文地质和环境条件，对地基基础及基坑支护等施工中应注意的岩土工程问题及设计参数检测、现场检验、监测工作提出建议。

（12）对高层建筑建设中遇到的下列特殊岩土工程问题，应根据专门的岩土工程工作或分析研究，提出专题咨询报告。

① 场地范围内或附近存在性质或规模尚不明确的活动断裂及地裂缝、滑坡、高边坡、地下采空区等不良地质作用的工程。

② 水文地质条件复杂或环境特殊，需现场进行专门水文地质试验，以确定水文地质参数的工程；或需进行专门的施工降水、截水设计，并需分析研究降水、截水对建筑本身及邻近建筑和设施影响的工程。

③ 对地下水防护有特殊要求，需进行专门的地下水动态分析研究，并需进行地下室抗浮设计的工程。

④ 建筑结构特殊或对差异沉降有特殊要求的工程，需进行专门的上部结构、地基与基础共同作用分析计算与评价。

⑤ 根据工程要求，需对地基基础方案进行优化、比选分析论证的工程抗震设计所需的时程分析评价。

⑥ 有关工程设计重要参数的最终检测、核定等。

三、图表及附件

高层建筑岩土工程勘察报告所附图件应体现勘察工作的主要内容，全面反映地层结构与性质的变化，紧密结合工程特点及岩土工程性质，并应与报告书文字相互呼应。主要图件及附件应包括下列几种：岩土工程勘察任务书（含建筑物基本情况及勘察技术要求）；拟建建筑平面位置图及勘探点平面布置图；工程地质钻孔柱状图或综合工程地质柱状图；工程地质剖面图。

当工程地质条件复杂或地基基础分析评价需要时，宜绘制下列图件：关键地层层面等高线图和等厚度线图、工程地质立体图、工程地质分区图、特殊土或特殊地质问题的专门图件。

高层建筑岩土工程勘察报告所附表格和曲线应全面反映勘察过程中所进行的各项室内试验和原位测试工作，为高层建筑岩土工程分析评价和地基基础方案的计算分析与设计提供系统完整的参数和分析论证的数据。主要图表宜包括下列几类：土工试验及水质分析成果表，需要时应提供压缩曲线、三轴压缩试验的摩尔圆及强度包线；各种地基土原位测试试验曲线及数据表；岩土层的强度和变形试验曲线；岩土工程设计分析的有关图表。

第四章
建筑深基坑支护设计

第一节　基坑支护设计基本规定

一、基坑支护结构的设计内容

建筑基坑支护结构的设计内容一般包括环境调查及基坑安全等级的确定、支护结构选型、支护结构设计计算、支护结构稳定性验算、节点设计、井点降水、土方开挖方案以及监测要求等。基坑工程设计与施工工作程序如图 4-1 所示。

基坑工程支护设计中，首先应根据基坑的深度、地质条件及周边环境条件确定基坑的安全等级。基坑支护结构设计所需的基本资料主要有：工程水文地质资料；场地环境条件资料，包括建筑红线，周边地下管线的种类、埋深、使用年限以及场地内地下人防等地下障碍物等；所建工程的地下室结构、基础桩基图纸等；与施工条件有关的资料，如对于地下连续墙设计时，还应根据不同的安全等级提供有关试验资料。

基坑工程安全等级从一级开始，有两项（含两项）以上最先符合该等级标准者，即可定为该等级。

根据开挖深度、邻近建筑物的影响等因素综合考虑，基坑开挖一般分为无支护开挖和有支护开挖两类。

二、基坑支护结构的设计原则

为了保证基坑支护结构的正常使用要求，在设计过程中必须遵守相应的设计原则。《建筑基坑支护技术规程》（JGJ 120—2012）中提出的基坑支护结构的设计原则如下。

（1）基坑支护结构设计应规定其使用期限。基坑支护结构的设计使用年限不应小于 1 年。

（2）基坑支护应保证基坑周边建（构）筑物、地下管线、道路的安全和正常

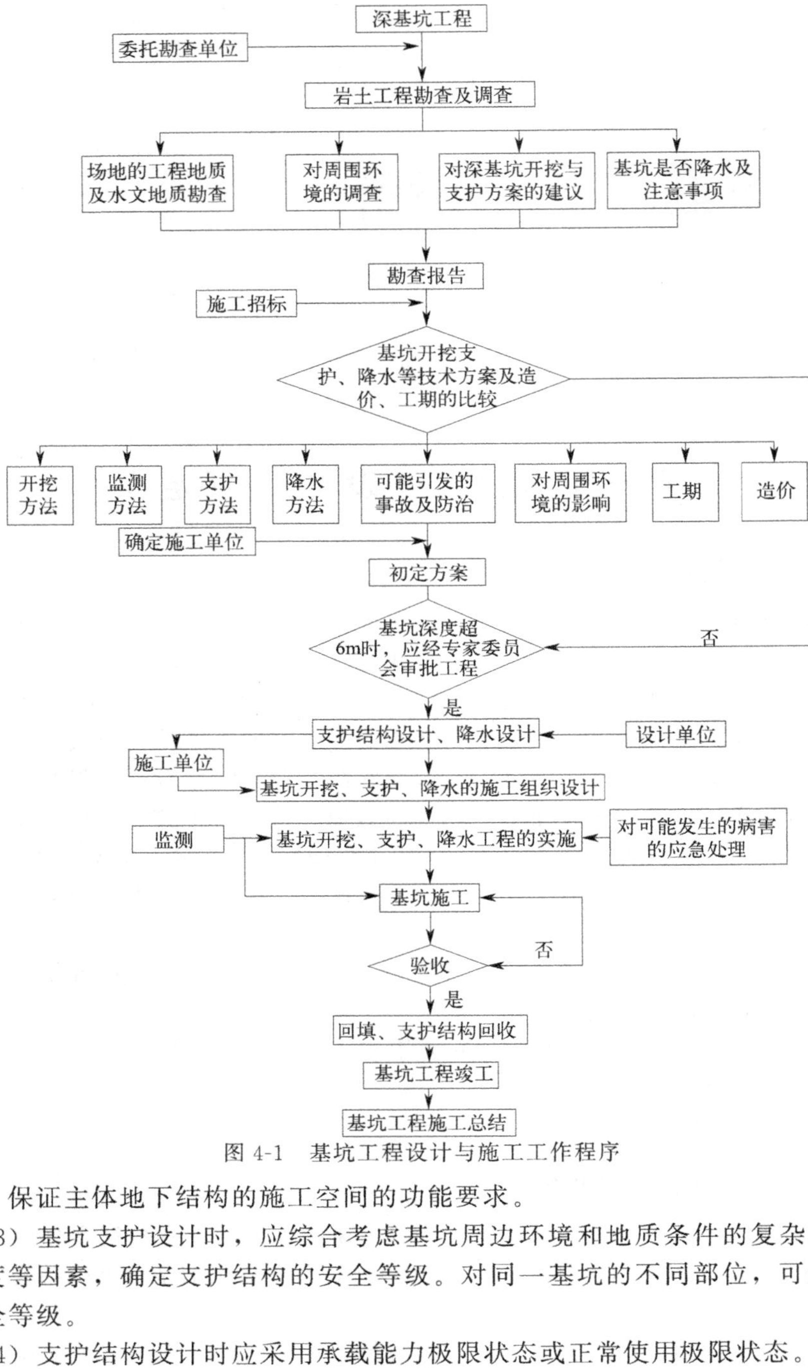

图 4-1　基坑工程设计与施工工作程序

使用，保证主体地下结构的施工空间的功能要求。

（3）基坑支护设计时，应综合考虑基坑周边环境和地质条件的复杂程度、基坑深度等因素，确定支护结构的安全等级。对同一基坑的不同部位，可采用不同的安全等级。

（4）支护结构设计时应采用承载能力极限状态或正常使用极限状态。

（5）支护结构、基坑周边建筑物和地面沉降、地下水控制的计算和验算应根据所采用的极限状态，分别采用不同的设计表达式。

第二节 放坡开挖

一、放坡开挖的概念与特点

（一）放坡开挖的概念

在基坑开挖施工过程中，通过选择合理的基坑边坡坡度，可以使基坑开挖后的土体在无加固及无支撑的条件下，依靠土体自身的强度，在新的平衡状态下获得稳定状态，并保持整个基坑的稳定状况，同时又确保基坑周边环境不受影响或满足预定的工程环境要求。这类无支护措施下的基坑开挖方法通常称为放坡开挖。

（二）放坡开挖的适用条件

(1) 当场地条件允许，并经验算能保证边坡稳定性时，可采用放坡开挖。多级放坡时应同时验算各级边坡和多级边坡的整体稳定性。坡脚附近有局部深坑时，应根据深坑深度验算边坡稳定性。

(2) 当场地为杂填土、黏性土或粉土，环境条件允许，降水后不会对相邻建筑物、道路及管线产生不利影响时，可采用放坡开挖。

(3) 当基坑不具备安全放坡深度开挖条件时，若有条件，上部可自然放坡或直立开挖，下部可设置其他支护体系。

(4) 边坡位于浜填土区域时，需采用土体加固等措施后方可进行放坡开挖。

（三）放坡开挖的特点

与其他支护类型相比，放坡具有以下特点。

(1) 方便开挖，施工工期较短。由于采用放坡开挖不需要施工支护结构，仅需进行土方开挖工作，施工速度较有支护的施工方法更快。

(2) 放坡开挖适用范围有限，当地质条件较好时，放坡开挖适用的开挖深度较深；对于软土地区，放坡开挖不适于深基坑。

(3) 一般放坡开挖位移较大，对周边环境的影响较大，当对周边环境保护要求较高时，不宜采用。

当在城市中施工时，由于土方价格较高，可与土钉墙等有支护形式比较，有可能采用土钉墙支护时的围护造价比采用大坡率放坡开挖时的造价更经济。这需要根据当地实际情况确定。

二、放坡开挖的设计计算

（一）边坡类型

边坡类型按成因可分为天然边坡和人工边坡。天然边坡是指自然形成的山坡和江河湖海的岸坡，而人工边坡是指人工开挖基坑、基槽、路堑或填筑路堤、土坝等形成的边坡。

边坡类型可按组成边坡的土性或岩性分类，可分为黏性土类边坡、碎石类边坡、黄土类边坡、岩石类边坡。

（二）放坡设计计算

1. 放坡开挖的基本要求

(1) 分级放坡开挖时，应设置分级过渡平台，对深度大于 5m 的土质边坡，各级过渡平台的宽度为 1.0～1.5m，必要时台宽可选 0.6～1.0m，小于 5m 的土质边坡可不设过渡平台。岩石边坡过渡平台的宽度不小于 0.5m，施工时应按上陡下缓原则开挖，坡度不宜超过 1∶0.75。

(2) 对于砂土和用砂填充的碎石土，分级坡高 $H \leqslant 5$m，坡度按自然休止角确定；人工填土放坡坡度按当地经验确定。

(3) 土质边坡放坡开挖如遇边坡高度大于 5m，具有与边坡开挖方向一致的斜向界面，有可能发生土体滑移的软弱淤泥或含水量丰富的夹层，坡顶堆料、堆物有可能超载以及各种易使边坡失稳的不利情况，应对边坡整体稳定性进行验算，必要时应进行有效加固及支护处理。

(4) 对于土质边坡或易软化的岩质边坡，在开挖时应采取相应的排水和坡脚、坡面保护措施，护坡可采取水泥砂浆、挂网砂浆、混凝土、钢筋混凝土等方式，也可采用压坡法。

(5) 基坑周围地面也应采用抹砂浆、设排水沟等地面防护措施，防止雨水渗入，并不得在影响边坡稳定的范围内积水。

(6) 无隔水帷幕放坡开挖基坑采取降水措施的，降水系统宜设置在单级放坡基坑的坡顶，或设置在多级放坡基坑的放坡平台、坡顶。

(7) 边坡位于浜填土区域时，应采取土体加固等措施后，方可进行放坡开挖。

(8) 放坡开挖基坑的坡顶及放坡平台的施工荷载应符合设计要求。

2. 坡面保护的设计

(1) 水泥砂浆抹面。对于易风化的软质岩石、老黏性土及破碎岩石边坡的坡面，常用 3～5cm 厚的水泥砂浆抹面，也可先在坡面挂钢丝网再喷抹水泥砂浆。

(2) 浆砌片石护坡。对各种土质或岩石边坡可采用浆砌片石护坡，也可在坡脚处砌筑一定高度的浆砌片石或红砖墙，用于反压及挡土，并与排水沟相接。

(3) 堆砌砂土袋护坡。对已发生或将要发生滑塌失稳或变形较大的边坡，常用砂土袋（草袋、土工织物袋）堆置于坡脚或坡面。

(4) 螺旋锚预压坡面的适用场合及坡面保护方法如下。

① 螺旋锚适用于黏性土、粉土、砂土等无砖、石块等杂物的土质边坡加固。

② 螺旋锚由螺旋形的锚杆及锚杆头部的垫板和锁紧螺母构成，将螺旋锚旋入土坡中，拧紧锚杆头部的螺母。

(5) 铺设抗拉或防水土工布护面。用于边坡面防水、防风化、防止坡面土流失的加固处理，在土工布上可覆素土、砂土或水泥砂浆抹面。

（6）砖石砌体护面。竖直开挖护面的砌体高度一般不应超过 3～4m，墙体应设置构造柱及墙顶钢筋混凝土连梁，必要时也可在墙高中部加设一道水平钢筋混凝土连梁，与构造柱连接成整体。

第三节　土钉墙支护

一、土钉墙支护概述

土钉墙支护技术是一种原位土体加固技术，是在分层分段挖土和施工的条件下，由原位土体、在基坑侧面土中斜向设置的土钉与喷射混凝土面层三者共同作用的土钉墙，其受力特点是通过斜向土钉对基坑边坡土体的加固，增加边坡的抗滑力和抗滑力矩，达到稳定基坑边坡的作用。土钉的施工一般采用钻孔中内置钢筋，然后孔中注浆的土钉，坡面用配有钢筋网的喷射混凝土形成土钉墙；也有采用打入式钢管再向钢管内注浆的土钉；还有采用土钉和预应力锚杆结合的复合土钉墙结构。利用水泥土桩组合式土钉墙支护技术形成封闭周边地下水的截水帷幕，使该项技术能够在不降水的条件下进行土钉墙的施工。

土钉主要分为钻孔注浆土钉与打入式土钉两类。钻孔注浆土钉为最常用的土钉类型，施工简单快速，先在土中钻孔，一般钻孔直径为 100～120mm，采用 16～32mm 的 HRB335、HRB400 钢筋置入孔内，为使土钉钢筋处于孔的中心位置，有足够的浆体保护层，需沿钉长每隔 2～3m 设对中支架。然后采用强度等级不低于 M10 的水泥浆或水泥砂浆沿全长注浆。水泥浆水灰比一般为 0.5 左右，水泥砂浆配合比一般为（1∶1）～（1∶2），水灰比为 0.38～0.45。注浆方式常采用常压注浆。

打入式土钉一般采用钢管等材料打入土中形成，可用人力或振动冲击钻、液压锤等机具打入，打入式土钉的优点是不需要预先钻孔，施工速度快。打入式土钉一般长度受到限制，不宜用于密实砂卵石和胶结土中。打入钢管一般采用周围带孔的闭口钢管，可在打入后管内高压注浆，增强土钉与土的黏结力，提高土钉的抗拔能力。这种土钉特别适合于成孔困难的砂层和较软土层。

土钉长度一般为开挖深度的 0.5～1.2 倍，间距为 1～2m，与水平夹角一般为 5°～20°。面墙一般由直径为 6～10mm、间距为 150～300mm 的钢筋网，强度等级不低于 C20、面层厚度一般为 80～100mm 的喷射混凝土形成。为保证土钉与面层的有效连接，可采用螺栓连接或钢筋焊接连接，也可采用承压垫板连接。

土钉墙墙面应设泄水孔，排除土体内积水，消除面层后的水压力对坡面的作用和减小地下水对土体强度的影响，坡面应设排水沟和集水井，以排除地面雨水和坡面渗漏水。

与其他支护类型相比，土钉墙具有以下特点。

（1）土钉墙支护技术是通过原位土体加固，充分利用原位土体的自稳能力，因而能大幅度降低支护造价，一般比桩墙支护结构节省很多费用，具有显著的经济效益。

（2）施工方法和设备简单，土钉的制作与成孔不需复杂的技术和大型机具，施工作业对场地的占用少。

（3）因施工工艺简单，施工与基坑土方工程可同步进行，交叉作业。根据土钉设置的层数，挖一层土，施工一层土钉，工期一般较短。

二、土钉墙设计

（1）土钉墙、预应力锚杆复合土钉墙的坡比不宜大于 1∶0.2；当基坑较深、土的抗剪强度较低时，宜取较小的坡比。对砂土、碎石土、松散填土，确定土钉墙坡度时，应考虑开挖时坡面的局部自稳能力。微型桩、水泥土桩复合土钉墙，应采用微型桩、水泥土桩与土钉墙面层贴合的垂直墙面。

（2）土钉墙宜采用洛阳铲成孔的钢筋土钉，对易塌孔的松散或稍密的砂土、稍密的粉土、填土，或易缩径的软土宜采用打入式钢管土钉。对洛阳铲成孔或钢管土钉打入困难的土层，宜采用机械成孔的钢筋土钉。

（3）土钉水平间距和竖向间距宜为 1～2m；当基坑较深、土的抗剪强度较低时，土钉间距应取小值。土钉的倾角为 5°～20°。土钉长度应按各层土钉受力均匀、各土钉拉力与相应土钉极限承载力比值相近的原则确定。

（4）成孔注浆型钢筋土钉的构造应符合下列要求。

① 成孔直径宜取 70～120mm。

② 土钉钢筋宜选用 HRB400、HRB500 钢筋，钢筋直径宜取 16～32mm。

③ 应沿土钉全长设置对中定位支架，其间距宜取 1.5～2.5m，土钉钢筋保护层厚度不宜小于 20mm。

④ 土钉孔注浆材料可采用水泥浆或水泥砂浆，其强度不宜低于 20MPa。

（5）钢管土钉的构造应符合下列要求。

① 钢管的外径不宜小于 48mm，壁厚不宜小于 3mm；钢管的注浆孔应设置在钢管末端$\frac{1}{2}$～$\frac{2}{3}$范围内；每个注浆截面的注浆孔宜取 2 个，且应对称布置，注浆孔的孔径宜取 5～8mm，注浆孔外应设置保护倒刺。

② 钢管的连接采用焊接时，接头强度不应低于钢管强度；钢管焊接可采用数量不少于 3 根、直径不小于 16mm 的钢筋沿截面均匀分布拼焊；双面焊接时，钢筋长度不应小于钢管直径的 2 倍。

（6）土钉墙高度不大于 12m 时，喷射混凝土面层的构造应符合下列要求。

① 喷射混凝土面层厚度宜取 80～100mm。

② 喷射混凝土设计强度等级不宜低于 C20。

③ 喷射混凝土面层中应配置钢筋网和通长的加强钢筋，钢筋网宜采用 HPB300 级钢筋，钢筋的直径宜取 6～10mm，钢筋的间距宜取 150～250mm；钢筋网间的搭接长度应大于 300mm；加强钢筋的直径宜取 14～20mm；当充分利用土钉杆体的抗拉强度时，加强钢筋的截面面积不应小于土钉杆体截面面积的 1/2。

（7）土钉与加强钢筋宜采用焊接连接，其连接应满足承受土钉拉力的要求；

当在土钉拉力作用下喷射混凝土面层的局部受冲切承载力不足时，应采用设置承压钢板等加强措施。

(8) 当土钉墙后存在滞水时，应在含水层部位的墙面设置泄水孔或采取其他疏水措施。

(9) 采用预应力锚杆复合土钉墙时，预应力锚杆应符合下列要求。

① 宜采用钢绞线锚杆。

② 用于减小地面变形时，锚杆宜布置在土钉墙的较上部位；用于增强面层抵抗土压力的能力时，锚杆应布置在土压力较大及墙背土层较软弱的部位。

③ 锚杆的拉力设计值不应大于土钉墙墙面的局部受压承载力。

④ 预应力锚杆应设置自由段，自由段长度应超过土钉墙支护边坡体的潜在滑动面。

⑤ 锚杆与喷射混凝土面层之间应设置腰梁连接，腰梁可采用槽钢腰梁或混凝土腰梁，腰梁与喷射混凝土面层应紧密接触，腰梁规格应根据锚杆拉力设计值确定。

(10) 采用微型桩垂直复合土钉墙时，微型桩应符合下列要求。

① 应根据微型桩施工工艺对土层特性和基坑周边环境条件的适用性选用微型钢管桩、型钢桩或灌注桩等桩型。

② 采用微型桩时，宜同时采用预应力锚杆。

③ 微型桩的直径、规格应根据复合墙面的强度要求确定；采用成孔后插入微型钢管桩、型钢桩的工艺时，成孔的直径宜取 130～300mm，钢管的直径宜取 48～250mm，工字钢型号宜取I10～I22，孔内应灌注水泥浆或水泥砂浆并充填密实；采用微型混凝土灌注桩时，其直径宜取 200～300mm。

④ 微型桩的间距应满足土钉墙施工时桩间土的稳定性要求。

⑤ 微型桩伸入坑底的长度宜大于柱径的 5 倍，且不应小于 1m。

⑥ 微型桩应与喷射混凝土面层贴合。

(11) 采用水泥土桩复合土钉墙时，水泥土桩应符合下列要求。

① 应根据水泥土桩施工工艺对土层特性和基坑周边环境条件的适用性选用搅拌桩、旋喷桩等桩型。

② 水泥土桩伸入坑底的长度宜大于桩径的 2 倍，且不应小于 1m。

③ 水泥土桩应与喷射混凝土面层贴合。

④ 桩身 28d 无侧限抗压强度不宜小于 1MPa。

⑤ 水泥土桩用作截水帷幕时，应符合相应规范的要求。

第四节　复合土钉墙支护

一、复合土钉墙的概念与特点

复合土钉墙是将土钉墙与深层搅拌桩、旋喷桩、各种微型桩、预应力锚杆等其他支护形式结合形成的一种组合支护技术，大大扩展了土钉墙支护的应用范围。

复合土钉墙支护具有土钉支护的一般特点，同时相对于普通土钉墙，复合土钉墙具有更多的优势。由于土钉墙适用范围有限，当通过增加微型桩、搅拌桩等形式成为复合土钉墙后，其适用于土质更差、深度更深的基坑，且兼具支护、截水等功能，支护效果比土钉墙更佳。在实际工程中，组成复合土钉墙的各项技术可根据工程需要进行灵活的有机结合，形式多样。复合土钉墙是一项技术先进、施工简便、经济合理、综合性能突出的基坑支护技术。

二、复合土钉墙的应用形式

1. 防渗帷幕＋土钉支护

对于地下水位较高、土层软弱的地区，降水易引起基坑周边建筑、道路的沉降，造成环境破坏，所以在地下水位较高的地层中进行基坑开挖时，可采用增加防渗帷幕的方法加以解决。防渗帷幕形成封闭的开挖空间，隔水后在坑内进行降水或明排水，此时，坑内外是独立系统，坑内降水不影响周边地下水位，有利于环境保护。防渗帷幕形成相对平整干燥的开挖面，有利于面层喷射混凝土的施工，且防渗帷幕又是超前支护，起到了减少基坑变形、增加基坑抗滑移能力、防止坑底隆起和管涌的作用。

防渗帷幕可采用水泥土搅拌桩、高压旋喷桩或压力注浆等方法施工，其中水泥土搅拌桩止水帷幕效果好、造价相对较低，在工程中应用广泛。特别是三轴水泥土深层搅拌桩的应用，使该形式的应用范围大大扩展。

2. 预应力锚杆＋土钉支护

当对基坑边坡的位移要求较高时，可采用预应力锚杆结合土钉墙支护形式。预应力锚杆增加了边坡的稳定性，减小了基坑的变形，在布置上也比较灵活。当对坡顶的位移要求严格时，在上部布设预应力锚杆；当深度较深时，预应力锚杆应均匀布置；因锚杆造价较高，为节约成本，锚杆与土钉可间隔布置，效果更好。这种复合支护形式在边坡支护工程中应用广泛。

3. 微型桩＋土钉支护

当土层松软但地下水位很低或地层渗透性较低时，可不设防渗墙，而改用微型桩。微型桩可减少基坑变形、防止坑底隆起。微型桩主要有小直径钻孔桩、钢管桩和树根桩等。

4. 微型桩＋预应力锚杆＋土钉支护

当基坑开挖线距离用地红线或建筑物较近且地质条件较差时，开挖前需对开挖面进行加固，搅拌桩又无法施工时，采用“微型桩＋预应力锚杆＋土钉支护”这种复合土钉墙支护形式。微型桩常采用直径小的钻孔灌注桩、型钢桩、钢管桩及松木桩等。这种支护形式变形小、稳定性好，在不需要防渗帷幕的地区能够满足大多数工程的实际需求，应用广泛。

5. 防渗帷幕＋预应力锚杆＋土钉支护

当降水易引起基坑周围建筑物、道路沉降，造成环境破坏时，基坑支护不采用降水方案，而设置止水帷幕。止水帷幕起到止水和加固支护的双重作用。止水后土钉墙的变形一般较大，在基坑较深、变形要求严格的情况下，为提高防渗帷幕的稳定性及限制其位移，从而形成此种复合形式。“防渗帷幕＋预应力锚杆＋土钉支护”的形式在地下水丰富的地区能满足大多数工程的实际需求。

6. 防渗帷幕＋微型桩＋土钉支护

在淤泥、淤泥质土等土质较差的土层中，搅拌桩的施工质量往往不如在其他土层中好，其抗弯、抗剪强度较低，在深厚软土中时往往不能满足抗隆起要求，或不能满足抗剪要求，此时，在搅拌桩中加入微型桩以增加墙体的抗剪能力，增加围护结构的抗隆起安全系数。此时，微型桩可以是钻孔桩、钢管桩或型钢桩等。

7. 防渗帷幕＋微型桩＋预应力锚杆＋土钉支护

这种支护形式综合了前述的多种支护方式，施工工序复杂、工期较长、支护效果较好，多用于深大及施工条件复杂的基坑支护。

8. 桩－撑结构＋土钉支护

当上部土层较好、下部地层土质较差时，在上部土质较好的地层中采用土钉支护，下部土质较差的地层中采用排桩＋支撑的形式。或基坑挖深较大，当需要采用多道支撑时，从经济性的角度，上部采用土钉支护，下部采用排桩结合支撑的形式。该种组合形式充分利用上层地层较好的特点施作复合土钉支护，减少了围护桩的工程量，减少了一道支撑，有利于缩短工期。

三、复合土钉墙支护的设计

（一）复合土钉墙的设计内容

复合土钉墙基坑支护设计包含以下内容。

（1）支护体系与构件选型及布置。

（2）各构件的构造设计。

（3）地下水和地表水处理。

（4）基坑稳定性分析验算。

（5）坑底隆起稳定性验算、抗渗流稳定性验算和抗突涌稳定性验算。

（二）复合土钉墙的设计

1. 支护体系与构件选型及布置

该阶段包含的主要内容有：了解周边环境及地质情况；确定复合土钉支护的可行性及组合形式；确定设计基本参数（开挖深度、荷载、土层参数等）；确定土钉的平面和剖面尺寸及分段施工高度；确定土钉的类型、直径、长度、倾角及空间的方向。

2. 支护构件设计

（1）土钉的构件设计可参照土钉墙的设计。当采用预应力锚杆时，应满足下列规定。

① 锚杆的杆体材料可采用钢绞线、钢筋、精轧螺纹管及无缝钢管。

② 在竖向布置上，预应力锚杆宜布设在基坑的中上部，锚杆间距不宜小于 1.5m。

③ 钻孔直径宜为 110～150mm，倾角宜为 10°～25°。

④ 锚杆自由段长度宜为 4～6m，并应设置隔离套管；钻孔注浆预应力锚杆沿长度方向每隔 1～2m 设置一组定位支架。

⑤ 锚杆杆体外露长度应满足锚杆张拉锁定的需要，锚具型号及尺寸、锚垫板刚度应能满足预应力稳定的要求。

⑥ 锚孔注浆宜采用二次高压注浆工艺，注浆体强度不宜低于 20MPa。

⑦ 锚杆最大张拉荷载不应大于锚杆轴向承载力设计值的 1.1 倍，且不宜大于杆体抗拉强度设计标准值的 80%。锁定值宜为锚杆承载力设计值的 60%～90%。

(2) 围檩的设计及构造应满足下列规定。

① 围檩应通长设置。不便于设置围檩时，也可采用钢筋混凝土承压板。

② 围檩宜采用混凝土结构，也可采用钢结构。围檩应具有足够的强度和刚度。混凝土围檩的截面和配筋应通过设计计算确定，宽度不宜小于 400mm，高度不宜小于 250mm，混凝土强度等级不宜低于 C25。

③ 承压板宜采用预制钢筋混凝土构件，尺寸和配筋应通过设计计算确定，长度、宽度不宜小于 800mm，厚度不宜小于 250mm。

④ 围檩应与面层连接可靠，承压板安装前宜用水泥砂浆找平。

⑤ 围檩采用混凝土承压板时，面层内应配置 4～6 根直径 16～20mm 的 HRB335 或 HRB400 变形钢筋作为加强筋。

(3) 当采用防渗帷幕时，其构造应满足下列规定。

① 水泥土桩防渗帷幕宜选用早强水泥或在水泥浆中掺入早强剂，单位水泥用量不宜少于原状土质量的 13%，高压旋喷桩注浆量不宜小于 20%，水泥土 28d 龄期的无侧限抗压强度不应小于 0.6MPa。

② 防渗帷幕应满足自防渗要求，渗透系数应小于 0.01m/d，坑底以下插入深度应符合抗渗流稳定性要求，且不应小于 1.5～2m，并宜穿过透水层进入不透水层 1～2m。

③ 对桩间距、垂直度、桩径及桩位偏差的控制要求，应保证相邻两根桩在基坑底面处相互咬合，且搭接宽度不宜小于 150mm。

(4) 当采用微型桩时，其设计和构造应满足下列规定。

① 微型桩宜采用小直径混凝土桩、钢管、型钢等。

② 微型桩直径或等效直径宜为 100～250mm，间距宜为 0.5～2.0m，嵌固深度不宜小于 2m，桩顶宜设置通长冠梁。

③ 微型桩填充胶结物抗压强度等级不宜低于 20MPa。

第五节 水泥土重力式挡墙支护

一、水泥土重力式挡墙支护结构的概念与特点

（一）水泥土重力式挡墙支护结构的概念

水泥土重力式挡墙是以水泥系材料为固化剂，通过高压旋喷或机械搅拌将固化剂和地基土强制搅拌，形成连续搭接的水泥土柱状加固体挡墙，靠挡墙自身的强度抵抗水土压力。水泥土重力式挡土墙是通过固化剂对土体进行加固后形成有一定厚度和嵌固深度的重力墙体，以承受墙后水、土压力的一种挡土结构。

水泥土重力式挡土墙是无支撑自立式挡土墙，依靠墙体自重、墙底摩阻力和墙前基坑开挖面以下土体的被动土压力稳定墙体，以满足围护墙的整体稳定、抗倾覆稳定、抗滑稳定和控制墙体变形等要求。

（二）水泥土重力式挡墙支护结构的特点

(1) 施工方便。水泥土重力式挡墙一般采用搅拌桩、高压喷射注浆等施工方法，工艺成熟，操作方便，成桩工期较短，而且施工过程中无噪声、无振动、无污染，可以在城区内及密集建筑群中施工。

(2) 工程造价低。水泥土重力式挡墙采用搅拌桩或高压旋喷桩形成挡土结构，悬臂式支护，不需要支锚等其他支护结构，造价相对经济。

(3) 施工进度快。重力式挡墙依靠自身重力来抵抗周围的水土压力，采用悬臂式支护，不需支撑、拉锚等其他支护结构，极大地方便了土方开挖和主体结构施工，施工进度较快。

(4) 防渗性能好。混凝土渗透系数小，当进行坑内降水时，不会对坑外地下水位产生影响，既挡土又截水，有利于周边环境的保护。

(5) 加固后的土体重度基本不变，对软弱下卧层不致产生附加沉降。

(6) 适用范围有限，搅拌桩对土质条件要求较高，对于土质条件较差的土层，水泥土重力式挡墙应慎重采用。

(7) 与有支撑的支护结构相比，重力式围护结构的基坑周围地基变形较大，对邻近建筑物或地下设施的影响较大。

二、水泥土重力式挡墙的类型及构造要求

（一）水泥土重力式挡墙支护结构的类型

按搅拌机械的类型，可分为高压旋喷桩墙和搅拌墙。高压旋喷桩墙由高压旋

喷桩机施工，搅拌墙由搅拌机施工。按搅拌机轴数的不同，可分为单轴、双轴及三轴搅拌桩墙，分别由单轴、双轴和三轴搅拌机施工。

按墙体是否插筋可分为加筋和非加筋（加劲和非加劲），插筋材料可为钢筋、钢管、型钢或毛竹等。

按平面布置可分为满堂布置、格栅布置和宽窄结合的锯齿形布置，最常见的布置形式为格栅式布置。

按竖向布置可分为等断面布置、台阶形布置，常见的布置形式为台阶形布置。

（二）水泥土重力式挡墙支护结构的构造要求

1. 围护墙的平面布置

水泥土重力式围护墙的墙体宽度可按经验确定，一般墙宽可取开挖深度的70%～1.0倍；平面布置有满堂布置、格栅型布置和宽窄结合的锯齿形布置等，常用的平面布置形式为格栅型布置，格栅的面积应满足计算要求。

2. 围护墙的竖向布置

水泥土重力式围护墙坑底以下的嵌固深度一般可取开挖深度的70%～1.5倍，断面布置有等断面布置、台阶形布置等，常见的布置形式为台阶形布置。

3. 围护墙压顶板及连接的构造

（1）水泥土重力式围护墙结构顶部需设置150～200mm厚的钢筋混凝土压顶板，混凝土强度等级不宜低于C15。压顶板应设置双向配筋，钢筋直径不小于$\phi 8$，间距不大于200mm。

（2）水泥土重力式围护墙内、外排加固体中宜插入钢筋、钢管、毛竹等加强构件。加强构件上端应锚入压顶板，下端宜伸入开挖面以下。目前常用的方法是内排或内外排搅拌体内插钢管，深度至开挖面以下。对挖深较浅的基坑，可以插毛竹，毛竹直径不小于50mm。

（3）水泥土加固体与压顶板之间应设置连接钢筋。连接钢筋上端应锚入压顶板，下端应插入水泥土加固体中1～2m，采用梅花形布置。

三、水泥土重力式挡墙的设计

（一）水泥土重力式挡墙的设计计算内容

设计前应先确定水泥土重力式挡墙的适用性。水泥土重力式挡墙的计算内容如下。

（1）稳定性验算（抗滑移稳定性、抗倾覆稳定性、圆弧滑动稳定性、坑底抗隆起稳定性和抗渗流稳定性）。

（2）墙体应力计算。

（3）格栅面积验算。

（4）墙体变形计算。

（二）水泥土重力式挡墙的设计计算

1. 尺寸及参数初选

水泥土重力式围护墙宽度一般按开挖深度的 70%～1.0 倍进行试算，而搅拌桩的加固深度一般取开挖深度的 1.7～2.5 倍进行试算。

2. 稳定性验算

（1）抗滑移稳定性验算。抗滑移稳定性验算所需参数见图 4-2，并应符合式（4-1）的规定：

$$\frac{E_{\mathrm{pk}}+(G-u_{\mathrm{m}}B)\tan\varphi+cB}{E_{\mathrm{ak}}}\geqslant K_{\mathrm{sl}} \tag{4-1}$$

式中 K_{sl}——抗滑移稳定安全系数，其值不应小于 1.2；

E_{ak}，E_{pk}——作用在水泥土墙上的主动土压力、被动土压力标准值，按朗肯土压力计算公式确定，kN/m；

G——水泥土墙的自重，kN/m；

u_{m}——水泥土墙底面上的水压力，kPa；

c——水泥土墙底面下土层的黏聚力，kPa；

φ——水泥土墙底面下土层的内摩擦角，(°)；

B——水泥土墙的底面宽度，m。

（2）抗倾覆稳定性验算：抗倾覆稳定性所需的参数见图 4-3，且应符合式（4-2）的规定：

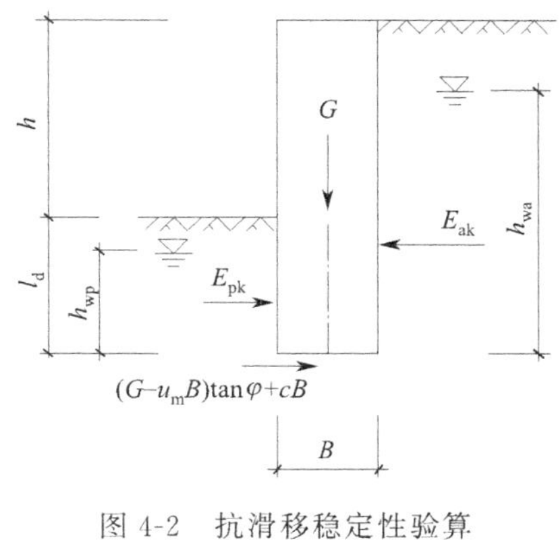

图 4-2 抗滑移稳定性验算

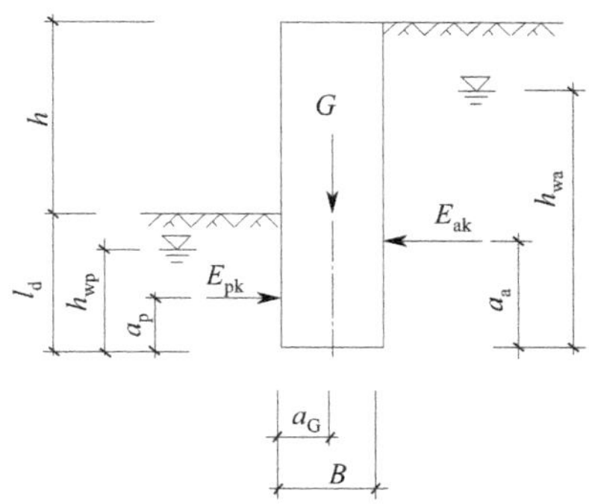

图 4-3 抗倾覆稳定性验算

$$\frac{E_{\mathrm{pk}}a_{\mathrm{p}}+(G-u_{\mathrm{m}}B)a_{\mathrm{G}}}{E_{\mathrm{ak}}a_{\mathrm{a}}}\geqslant K_{\mathrm{ov}} \tag{4-2}$$

式中 K_{ov}——抗倾覆稳定安全系数，其值不应小于 1.3；

a_{a}——水泥土墙外侧主动土压力合力作用点至墙趾的竖向距离，m；

a_{p}——水泥土墙内侧被动土压力合力作用点至墙趾的竖向距离，m；

a_{G}——水泥土墙自重与墙底水压力的合力作用点至墙趾的水平距离，m；

其余符号意义同式(4-1)。

第六节　双排桩悬臂式支护

一、双排桩悬臂式支护的概念与特点

1. 双排桩支护的概念

双排桩是由两排平行的钢筋混凝土桩通过桩间的连系梁形成的空间门架式结构体系。它利用“超静定刚架结构随支撑条件及荷载条件的变化而自动调整结构内力”的特性来解决支护问题，具有适应性强、安全度高、施工方便等多种优点。双排桩特殊的空间组合类悬臂支护结构使得它近年来在深基坑、道路边坡工程中得到了广泛应用。

2. 双排桩支护的特点

双排桩支护具有较大的侧向刚度，可有效地限制基坑的变形。与单排悬臂桩支护结构相比，双排桩支护结构的优点如下。

（1）单排悬臂桩支护结构完全依靠嵌入坑底土内的足够深度和结构自身的刚度来承受桩后的侧压力并维持其稳定性，但坑顶位移和桩身本身变形较大。双排桩支护结构由刚性冠梁与前后排桩组成的门式超静定结构，整体刚度大，在受力时结构能产生与主动土压力反向作用的力偶，使双排桩的位移和变形明显减小，同时桩身的内力也有所下降，可以支护比单排桩更深的基坑而不需要设置内支撑，可以用较小直径的桩代替单排桩中较大直径的桩，从而降低成本。

（2）双排桩支护结构作为空间超静定结构，整体性能优越，使围护结构纵向和横向的整体性都大大提高；作为超静定结构，在复杂多变的外荷载作用下能自动调整结构本身的内力，使之适应复杂而又往往难以预计的荷载条件，而单排悬臂桩作为静定结构则不具备此种功能。

（3）双排桩支护结构与拉锚结构相比，它占用场地少，对环境的要求比较低，在密集建筑区更具优势，且在相同基坑深度下，双排桩式围护结构是代替桩-锚围护结构的一种较好的支护形式。其施工过程简便、速度快、造价低。

（4）如果加入支撑，双排桩结构的结构性质和受力性能都会发生巨大改变，其优势反而会被大大削弱。因此，双排桩式围护结构不需要支撑系统，而且，它的受力和抗变形优势能与具有锚杆（支撑）系统的单排桩围护结构相媲美。另外，由于其受力性能较好、内力较小、桩身直径较小，可以大大降低工程造价；同时，其施工方便，还可缩短工期。

二、双排桩支护的类型及布置形式

（一）双排桩的类型

双排桩的类型主要根据桩的类型进行分类。目前应用较多的双排桩主要为灌注桩双排桩、SMW 工法桩双排桩、预应力管桩双排桩，其中钻孔灌注双排桩应用最广，其类型如图 4-4 所示。

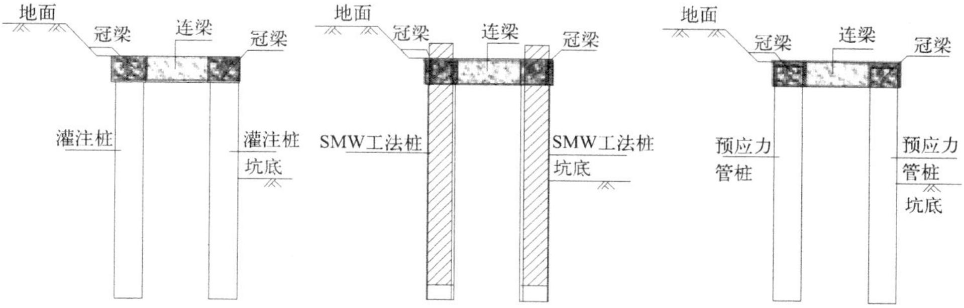

(a) 灌注桩双排桩　(b) SMW工法桩双排桩　(c) 预应力管桩双排桩

图 4-4　双排桩的类型

（二）双排桩的布置形式

1. 双排桩的平面布置

双排桩支护结构可以理解为将密集的单排桩中的部分桩向后移，并在桩顶由刚性连系梁将前后排桩刚接起来，沿基坑长度方向形成空间支护结构体系。

双排桩支护结构的布桩形式非常灵活，常见的形式有：并列式（矩形格构式）、梅花式等，其中前后排桩的桩间距可根据计算适当调整，常见组合形式如图 4-5 所示。

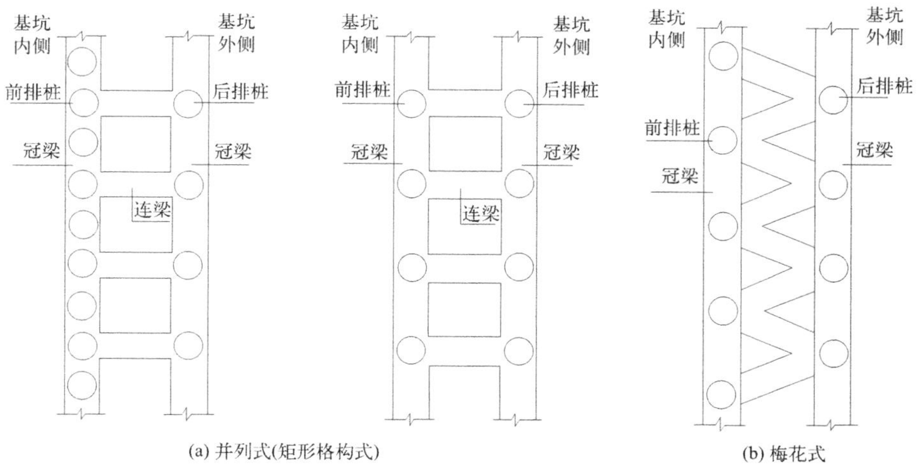

(a) 并列式(矩形格构式)　(b) 梅花式

图 4-5　双排桩的常见组合形式

2. 双排桩的竖向布置

双排桩在竖向布置时，一般前后排桩桩长一致，但当桩底距土质较好的土层较浅时，尽量将前排桩插入土质较好的土层中 1.0～2.0m，常见竖向布置形式如图 4-6 所示。

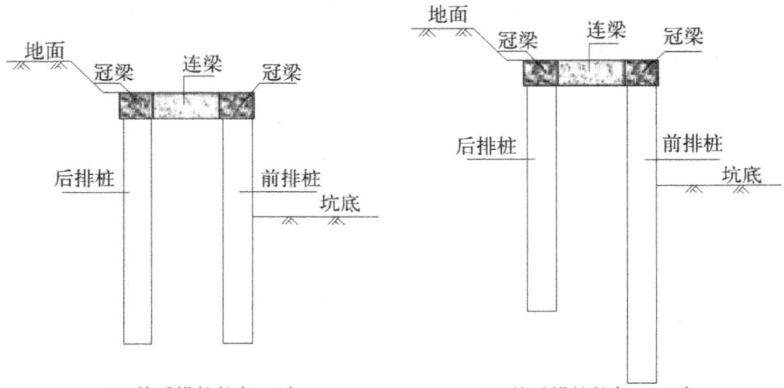

(a) 前后排桩桩长一致　　(b) 前后排桩桩长不一致

图 4-6　双排桩的常见竖向布置形式

三、双排桩设计的一般规定

（1）双排桩排距宜取（2～5）d（d 为单根桩体直径），刚架梁的宽度不应小于 d，高度不宜小于 $0.8d$，刚架梁高度与双排桩排距的比值宜取 1/6～1/3。

（2）双排桩结构的嵌固深度，对淤泥质土，不宜小于 $1.0h$；对淤泥，不宜小于 $1.2h$；对一般黏性土、砂土，不宜小于 $0.6h$。其中，h 为基坑深度。当桩底土质较差时，前排桩桩端宜处于桩端阻力较高的土层。采用泥浆护壁灌注桩时，施工时的孔底沉渣厚度不应大于 50mm，否则应采用桩底后注浆加固处理。

（3）双排桩应按偏心受压、偏心受拉构件进行截面承载力计算，刚架梁应根据其跨高比按普通受弯构件或深受弯构件进行截面承载力计算。双排桩结构的截面承载力和构造应符合现行国家标准《混凝土结构设计规范》（GB 50010—2010，2024 版）的有关规定。

（4）双排桩与刚架梁节点处，桩与刚架梁受拉钢筋的搭接长度不应小于 $1.5l_a$，此处，l_a 为受拉钢筋的锚固长度。其节点构造尚应符合现行国家标准《混凝土结构设计规范》（GB 50010—2010，2024 版）对框架顶层节点的有关规定。

双排桩的桩间土好坏与连梁的刚度对双排桩的影响较大，在设计和施工过程中需重点加强。对于桩间土，在软土地区，可考虑对其进行加固，加固方法一般采用搅拌桩或高压旋喷桩，可参照工程实例。连梁的刚度对变形和桩身受力影响较大，应适当加强其刚度及与压顶梁的连接。

第七节　桩墙式围护结构

一、桩墙式围护结构类型

深基坑工程中的支护结构一般有两种形式，分别为围护墙结合支撑系统的形式和围护墙结合锚杆的形式。作用在围护墙上的水土压力可以由内支撑有效地传递和平衡，也可以由坑外设置的土层锚杆平衡。内支撑可以直接平衡两端围护墙上所受的压力，构造简单，受力明确。锚杆设置在围护墙的外侧，可以主动加固岩土体，有效地控制其变形，防止坍塌的发生；同时为挖土、结构施工创造了空间，有利于提高施工效率。其中桩墙式围护结构的围护墙也有多种形式，如下文所述。

1. 钢板桩

钢板桩根据其加工制作工艺的不同可以分为槽钢钢板桩和锁口钢板桩，由钢板正反扣搭接或并排组成。其具有良好的耐久性，基坑施工完毕回填土后可将钢板桩拔出回收再次使用，施工方便，工期短。

2. 钢筋混凝土板桩

板桩是一种防护桩，其形状长而扁，可用于低边坡、基坑等的防护。一般采用强夯的办法打入。

钢筋混凝土板桩具有施工简单、现场作业周期短等特点，曾在基坑工程中广泛应用，但由于钢筋混凝土板桩的施打一般采用锤击方法，振动与噪声大，同时沉桩过程中挤土也较为严重，在城市工程中受到一定限制。

3. 钻孔灌注桩

灌注桩是指在工程现场通过机械钻孔、钢管挤土或人力挖掘等手段在地基土中形成桩孔，并在其内放置钢筋笼、灌注混凝土而做成的桩，依照成孔方法不同，灌注桩又可分为沉管灌注桩、钻孔灌注桩和挖孔灌注桩等几类。钻孔灌注桩是按成孔方法分类而定义的一种桩型。

4. 地下连续墙

地下连续墙是在地面以下用于支承建筑物荷载、截水防渗或挡土支护而构筑的连续墙体。

施工时在地面上采用一种挖槽机械，沿着深开挖工程的周边轴线，在泥浆护壁条件下，开挖出一条狭长的深槽，清槽后，在槽内吊放钢筋笼，然后用导管法灌注水下混凝土筑成一个单元槽段，如此逐段进行，在地下筑成一道连续的钢筋混凝土墙壁，作为截水、防渗、承重、挡土结构。

5. SMW 支护结构

SMW 工法亦称劲性水泥土搅拌桩法，即在水泥土桩内插入 H 型钢等（多数为 H 型钢，亦有插入拉森式钢板桩、钢管等的形式），将承受荷载与防渗挡水结合起来，使之成为同时具有受力与抗渗两种功能的围护墙支护结构。

二、围护结构设计

1. 排桩设计

排桩的桩型与成桩工艺应根据桩所穿过土层的性质、地下水条件及基坑周边环境的要求等选择混凝土灌注桩、型钢桩、钢管桩、钢板桩、型钢水泥土搅拌桩等。

当支护桩的施工影响范围内存在对地基变形敏感、结构性能差的建筑物或地下管线时，不应采用挤土效应严重、易塌孔、易缩径或有较大振动的桩型和施工工艺。

采用挖孔桩且其成孔需要降水或孔内抽水时，应进行周边建筑物、地下管线的沉降分析；当挖孔桩降水引起的地层沉降不能满足周边建筑物和地下管线的沉降要求时，应采取相应的截水措施。

2. 地下连续墙设计

（1）地下连续墙的正截面受弯承载力、斜截面受剪承载力应按现行国家标准《混凝土结构设计规范》（GB 50010—2010，2024 年版）的有关规定进行计算。

（2）地下连续墙的墙体厚度宜按成槽机的规格选取 600mm、800mm、1000mm 或 1200mm。

（3）一字形槽段长度宜取 4～6m。当成槽施工可能对周边环境产生不利影响或槽壁稳定性较差时，应取较小的槽段长度，必要时，宜采用搅拌桩对槽壁进行加固。

（4）地下连续墙的转角处或有特殊要求时，单元槽段的平面形状可采用 L 形、T 形等。

（5）地下连续墙的混凝土设计强度等级宜取 C30～C40。地下连续墙用于截水时，墙体混凝土抗渗等级不宜小于 P6，槽段接头应满足截水要求。当地下连续墙同时作为主体地下结构构件时，墙体混凝土抗渗等级应满足现行国家标准《地下工程防水技术规范》（GB 50108—2008）及其他相关规范的要求。

（6）地下连续墙的纵向受力钢筋应沿墙身每侧均匀配置，可按内力大小沿墙体纵向分段配置，且通长配置的纵向钢筋不应小于 50%；纵向受力钢筋宜采用 HRB335 级或 HRB400 级钢筋，直径不宜小于 16mm，净间距不宜小于 75mm。水平钢筋及构造钢筋宜选用 HPB235、HRB335 或 HRB400 级钢筋，直径不宜小于 12mm，水平钢筋间距宜取 200～400mm。冠梁按构造设置时，纵向钢筋锚入冠梁的长度宜取冠梁厚度。冠梁按结构受力构件设置时，桩身纵向受力钢筋伸入冠梁的锚固长度应符合现行国家标准《混凝土结构设计规范》（GB 50010—2010，2024 版）对钢筋锚固的有关规定。当不能满足锚固长度的要求时，其钢筋末端可采取机械锚固措施。

（7）地下连续墙纵向受力钢筋的保护层厚度，在基坑内侧不宜小于 50mm，在基坑外侧不宜小于 70mm。

（8）钢筋笼两侧的端部与槽段接头之间、钢筋笼两侧的端部与相邻墙段混凝土接头面之间的间隙应不大于 150mm，纵筋下端 500mm 长度范围内宜按 1∶10 的斜度向内收口。

3. 锚杆设计

（1）锚拉结构宜采用钢绞线锚杆；当设计的锚杆抗拔承载力较低时，也可采用普通钢筋锚杆；当因环境保护要求不允许在支护结构使用功能完成后锚杆杆体滞留于基坑周边地层内时，应采用可拆芯钢绞线锚杆。

（2）在易塌孔的松散或稍密的砂土、碎石土、粉土层，高液性指数的饱和黏性土层，高水压力的各类土层中，钢绞线锚杆、普通钢筋锚杆宜采用套管护壁成孔工艺。

（3）锚杆注浆宜采用二次压力注浆工艺。

（4）锚杆锚固段不宜设置在淤泥、淤泥质土、泥炭、泥炭质土及松散填土层内。

（5）在复杂地质条件下，应通过现场试验确定锚杆的适用性。

第五章
基坑的降排水设计

第一节　降水、隔水与排水方案设计原则

一、基坑地下水概述

在地下工程施工过程中，常因流砂、坑壁坍塌而引起工程事故，造成周围地下管线和建筑物不同程度的损坏；有时坑底下会遇到承压含水层，若不减压，就会导致基底破坏，同时伴随着流砂隆胀和坑底土的流失现象。采用降水或排水技术可以防范这类工程事故的发生。因此，控制地下水水位已成为目前市政工程开挖施工的一项重要配套措施。

工程降水技术中，井点降水技术已有百余年的发展史。人们在地下工程活动中，最早是开挖一些简单的集水坑道，继而出现了滤水井，采用水泵把井内的水抽出；后因工程实践发展的需要，出现了真空泵井点，即轻型井点；到了 20 世纪 30 年代又出现了电渗井点；再后来，由于降水深度的不断增加，又先后出现了多级井点、喷射井点和深井井点。

饱和土体由液态水和固态土体颗粒两部分组成。由于土体颗粒和水分子之间存在静电引力作用，土层中的水分为结合水和自由水两种存在形式。结合水是在分子引力作用下被吸附在土粒表面，这种引力可高达几千至上万个大气压，这类水无法在重力作用下自由运动，其中的强结合水通常只有在加热成蒸汽时才能和土粒分开。自由水包括重力水和毛细水，重力水可以在自身重力作用下自由运动。

井点降水一般是降低土体中重力水形成的水面高程。

降水可用于增加开挖基坑边坡和坑底的稳定性，防范流砂现象和增加地基的抗剪强度。在地下水位以下进行地下工程施工时，常常会因地下水而造成涌水、流砂以及基坑边坡失稳等现象，给施工带来困难，从而影响工程的进度和质量。因此，在地下工程施工过程中，需要降低土体中的地下水位，以稳定土体，保证安全施工。

地下水控制的设计和施工应满足支护结构设计要求，应根据场地及周边工程

地质条件、水文地质条件和环境条件，并结合基坑支护和基础施工方案进行分析、确定。地下水控制方法可分为集水明排、降水、截水和回灌等形式，它们可以单独或组合使用。

当因降水而危及基坑及周边环境安全时，宜采用截水或回灌措施。截水后，基坑中的水量或水压较大，宜采用基坑内降水。当基坑底为隔水层且层底有承压水作用时，应进行坑底突涌验算。必要时，可采取水平封底隔渗或钻孔减压措施来保证坑底土层稳定。

二、降水、隔水与排水方案基本设计原则

降水、隔水与排水方案设计是土木工程、建筑工程及环境工程中的重要组成部分，其设计合理性直接关系到工程的安全性、经济性和可持续性。降水是指通过人工手段降低地下水位，隔水是指通过设置屏障阻止地下水流动，排水则是将地表水或地下水有序排出工程区域。三者相辅相成，共同构成地下水控制的系统工程。在设计降水、隔水与排水方案时，需遵循以下基本原则。

（1）降水方案设计应遵循安全性与经济性并重的原则。降水设计需根据工程地质条件、水文地质条件及工程需求，合理选择降水方法（如明沟排水、井点降水、深井降水等），并确保降水深度满足施工要求。设计时需考虑降水对周边环境的影响，避免因过量降水导致地面沉降或邻近建筑物开裂。同时，降水方案应优化井点布置和抽水量，以降低运行成本。对于复杂地层或高水位地区，可采用分层降水或组合降水方式，确保降水效果的同时减少资源浪费。

（2）隔水方案设计应注重可靠性与适应性。隔水措施（如地下连续墙、钢板桩、注浆帷幕等）的选择需结合地层渗透性、地下水流动特性及工程开挖深度等因素。设计时需确保隔水结构的完整性和耐久性，避免因渗漏导致工程事故。对于渗透性差异较大的地层，可采用复合隔水技术，例如在弱透水层中设置防渗膜，在高渗透层中采用注浆加固。此外，隔水方案应具备一定的适应性，能够应对施工过程中可能出现的地质变化或突发渗流情况。

（3）排水方案设计应坚持系统性与可持续性原则。排水系统需综合考虑地表径流、地下渗流及工程废水，设计合理的排水沟、集水井、管道网络等设施，确保排水畅通。在暴雨或洪水多发地区，排水设计需预留足够的泄洪能力，避免内涝。同时，排水方案应注重水资源的回收利用，例如，通过沉淀池、过滤系统将排水处理后回用于施工或绿化，减少水资源浪费。对于长期运营的工程（如隧道、地下车库等），排水系统需具备易于维护和检修的特点，以确保长期有效性。

（4）降水、隔水与排水方案设计需遵循协同性原则。三者并非孤立存在，而是相互关联的整体。设计时应统筹考虑，避免措施之间的冲突。例如，在采用深井降水的同时，若周边存在隔水帷幕，需计算帷幕内外水头差，防止因压力失衡导致帷幕破坏。排水系统的设计也应与降水、隔水措施相协调，确保排水路径不受隔水结构的阻碍。

第二节　降水、排水、隔水方案的选择

基坑工程中地下水的治理方法选择，应根据基坑开挖深度、周围环境、场地水文地质条件、含水层特征等综合确定。降水方案的选择与场地地质条件、地下水条件密切相关。

当降水会对基坑周边建（构）筑物、地下管线、道路等造成危害时，应采用截水措施控制地下水的流失，如设置各类止水帷幕；当坑底有高于基坑底板的承压水时，应进行坑底突涌的稳定性验算，并采取有效的降压措施。

一、常见的降水、隔水、排水方案

常用的降水方法和适用条件如表 5-1 所示。

表 5-1　常用的降水方法和适用条件

降水方法	适用地层	渗透系数/(m/d)	降水深度/m
集水明排	粉土、老黏土、含薄层砂砾的黏土、粉细砂	≤0.50	≤3.0
轻型井点及二级井点	粉土、老黏土、含薄层砂砾的黏土、粉细砂	≥0.005 且≤0.50	≤6.0 及≤6～10.0
喷射井点	粉土、老黏土、含薄层砂砾的黏土、粉细砂	≥0.005 且≤0.50	8～20.0
电渗井点	黏土、淤泥质黏土、淤泥等	≤0.005	
管井	粉土、粉细砂、砾砂、卵石等粗粒土	≥0.10	任何深度
自渗管井	黏质粉土、粉细砂、砾砂、卵石等粗粒土	≥0.10	一般小于 2.0

常见的降水、排水和隔水方案包括以下几种。

1. 明沟、盲沟排水设计

当基坑不深、涌水量不大、坑壁土体比较稳定，不易产生流砂、管涌和坍塌时，可采用集水明排疏干地下水。

2. 管井降水方案

当含水层的渗透系数较大（一般大于 3m/d），含水层为粉砂、细砂及卵石、砾石层，水量比较丰富，降深幅度要求较大时，常采用管井降水，同时利用管井降水可对深部细砂层中的承压水进行减压降水，防止基坑底板发生突涌现象。

3. 轻型井点降水设计

降水井点类型应根据基坑含水层的土层性质、渗透系数、厚度及要求降低水位的高度选用。井点类型包括真空井点、喷射井点、电渗井点等。一般适用于填土、粉土及粉质黏土等弱含水层且含水层涌水量不大、降深要求较小时，多采用轻型井点（真空井点）降水。

4. 管井降水+轻型井点结合的降水方案

一般在坑中较深部位及坑底为黏性土层时，常采用管井与轻型井点结合降水。

5. 以管井为主+轻型井点+自渗管井（浅井）多种降水方法结合的降水方案

这种方法是利用水泥管井对深部细砂层中的承压水进行减压降水，利用轻型井点疏干上部粉质黏土中的潜水（上层滞水），利用自渗管井（浅井）疏干上部粉土层中的潜水。

6. 隔水方案

可采用竖向隔渗（悬挂式竖向隔渗和落底式竖向隔渗）、水平隔渗或两者相结合的坑周及底部隔渗。

7. 隔渗、降水及明沟排水相结合的降水方案

隔渗、降水及明沟排水相结合的核心思想是“防、降、排”相结合，形成多重保障：首先通过隔渗帷幕（如地下连续墙、搅拌桩等）在基坑周围形成一道屏障，最大限度地阻隔外部地下水向坑内渗流，从源头减少水量；然后在基坑内部布置降水井点（如管井、轻型井点等），主动抽取已渗入或坑内的地下水，显著降低地下水位，保证干作业面；同时，在基坑底部四周开挖明沟并设置集水井，利用重力作用收集坑内的少量渗水、雨水及施工废水，最后用水泵统一排出，起到辅助和应急排水的作用。这种组合方式兼顾了安全、经济与效率，能有效控制基坑周围土体变形，防止流砂和管涌，确保基坑开挖和基础施工的顺利进行。

8. 观测孔设计

一般在止水帷幕外或者管井间设置观测孔。井深以观测到上部潜水层或上层滞水的水位为原则，不应打穿承压含水层的隔水顶板，目的是检验基坑内土层降水效果，指导基坑挖土施工。

二、降水、排水、隔水方案设计与计算

（一）止水帷幕的设计与计算

1. 止水帷幕厚度的确定

止水帷幕的厚度应满足基坑抗渗要求，止水帷幕的渗透系数宜小于 1.0×10^{-6} m/s，按照水利行业规范的规定，相当于微透水级。

2. 止水帷幕深度的确定

通过计算和对地层结构（含水层和隔水层）分布特征的分析，综合确定帷幕长度。落底式竖向止水帷幕应插入下卧的不透水层，其插入深度可按式(5-1) 计算：

$$L=0.2h_w-0.5b \tag{5-1}$$

式中 L——帷幕插入下卧的不透水层（隔水层）的深度；

h_w——坑内外水头差；

b——止水帷幕的厚度。

另外，根据在河南平原地区多年设计及实践经验，一般多层建筑物基础形式

多为筏板基础或条基＋水泥土搅拌桩基础，基础刚度和整体性较好，其抵抗变形能力较好。当邻近建筑物距离基坑大于1倍基坑深度时，降水幅度较小时，一般可不设止水帷幕，即采用敞开式降水，通常不会对周边建筑造成过大的不均匀沉降，但应加强监测。

（二）基坑底的抗突涌验算

基坑底的抗突涌验算可按式(5-2) 进行：

$$k_{ty}H_w\gamma_w \leqslant D\gamma \tag{5-2}$$

式中 k_{ty}——坑底抗突涌安全系数，对于大面积普遍开挖的基坑，不应小于1.20；

D——基坑底至承压含水层顶板的距离，m；

γ——坑底 D 范围内土层的天然重度，kN/m^3；

H_w——承压水水头高度，m；

γ_w——水的重度，取 $10kN/m^3$。

第三节 基坑挡水、排水方案设计

一般包括基坑顶部挡水墙设计及地面硬化，坑底部周边的排水沟、排水井设计，坡面排水管的设计及整个基坑的排水系统设计。

一、地面挡水墙设计及地面硬化

当地表有杂填土或者湿陷土分布时，应对基坑顶部坡面周围进行硬化，挡住可能流入基坑的水，通过设置挡水墙或在坡顶设置排水沟控制渗水。

二、基坑底部排水沟设计

坑底部排水沟设计应注意以下几点。

(1) 排水沟边缘距坑壁坡脚应不小于0.3m，排水沟底面应比相应的基坑开挖面低0.3～0.5m，沟底宽宜为0.3m，纵向坡度宜为0.2%～0.5%。当基坑开挖深度超过地下水位之后，排水沟与集水井的深度应随开挖深度相应加深，并及时将集水井中的水排出基坑，严防排出的水倒灌入基坑。

(2) 在基坑四角或坑边应每隔30～40m布设集水井，集水井底应比相应的排水沟低0.5～1.0m，集水井直径宜为0.7～1.0m，井壁可砌干砖，或插竹片、木板，或用水泥管等临时支护，井底宜铺一层0.3m厚的碎石做反滤层。

(3) 地下水位有一定的水力坡度时，集水井宜优先考虑布置于地下水的补给侧。

（4）当基坑开挖深度较大且不同标高处存在不同的含水层或透水层时，可在边坡不同高度分段放坡的平台上设置多层明沟。若地表水量较大，应在基坑外采取截流、导流等措施。

（5）对流入基坑内的明水通过设置积水坑排出，但不建议在坑底设置连续的排水沟，因设置排水沟会人为地加深基坑深度，坑底土质因水的浸泡造成坑底被动区土质变软，不利于基坑稳定。

三、坡面排水管的设置

坡面地层岩性变化较大或者基坑周边有上层滞水及管道渗水时，应在坡面设置排水管。在坡面设置的排水管应充分考虑场地地层结构的组合特征、管线分布、化粪池等因素。具体注意事项如下。

（1）上部细粒土下部粗粒土、上土下岩、上部粉土下部黏性土等接触部位易形成排泄基准面，建议在该接触部位设置排水管。

（2）各类供水管、污水管的底部因多年使用常会发生漏水，应设置排水管。

（3）化粪池底部漏水地段应设置坡面排水管导排渗水。

（4）对可能进入基坑土体内的各类水通过在坡面设置排水管，导出后再集中排除。宜及时排除土体内部积水和明水，降低坡体内静水或动水压力。

四、整个基坑排水系统设计

（1）流入排水井（汇水井）的水应及时排出，排水设备宜采用污水泵。

（2）当基坑周边地势低洼不易排水，或者表层分布有透水性较好的地层时，应设置完善、有效的排水系统，及时将水排出到基坑外一定距离，防止基坑水倒灌。

第四节　截水方案的选择

一、止水帷幕的作用与选择

1. 止水帷幕的作用

（1）避免或大幅度减缓基坑降水对周围邻近建筑物、道路等的不良影响。

（2）避免或减缓地下水的渗透变形破坏，如流砂、管涌等。

（3）有时也可作为复合土钉墙的组成部分，起到竖向微型桩的超前支护作用。

（4）当基坑采用排桩支护时，可加固桩间土，对桩间土起保护作用。

（5）考虑到因设置帷幕造成的基坑内外水位差，当进行锚索施工时需防范流砂、涌泥对地面沉降的不利影响。

2. 止水帷幕的选择

根据以往降水与截水经验，基坑工程是否采用止水帷幕，主要取决于以下因素。

（1）邻近建筑物距离基坑的远近及邻近建筑物的基础形式。

（2）基坑的降水幅度。

（3）止水帷幕对桩间土保护的有利影响与因设置帷幕造成的基坑内外水位差对支护施工造成的不利影响的分析与权衡。

3. 止水帷幕类型

按照施工方法与施工工艺的不同，止水帷幕可分为水泥土搅拌桩止水帷幕、高压旋喷桩止水帷幕、压力灌浆止水帷幕及具有止水帷幕作用的地下连续墙、钢板桩等。常采用的止水帷幕类型有水泥土搅拌桩、高压旋喷桩等形式。

按照止水帷幕是否落底可分为落底式止水帷幕和悬挂式止水帷幕。

二、设计内容

（一）基坑敞开降水的可行性分析

一般可采用理论公式计算与工程经验类比法结合进行分析。

工程经验类比法：当基坑地质结构及地下水条件和基坑周边环境条件类似时，可以利用已有的成功经验进行工程类比分析。

（二）基坑周边的环境条件

基坑周边环境条件务必查清、查准，除通常要求外，以下两点也应注意。

1. 邻近建筑物的基础形式、埋深

邻近建筑物基础形式能否搞清、搞准，直接关系到支护方案的选择及支护工程成本的大小。如邻近建筑物为筏板基础或复合地基，其整体性一般较好，抗变形能力较好，即使离基坑较近，经慎重分析和计算后，若能满足倾斜要求，也可不设置水泥土搅拌桩止水帷幕，这样支护成本显然要低一些。

2. 基坑周边上下水管道的距离、走向、埋深、结构、向外排水情况

当污水管线为脆性结构，且离基坑较近时，应仔细分析其对支护体稳定性的影响。一方面，任何支护体都有一定的变形量，而这个变形量对支护体和周围建筑物来说可能是安全的，但对邻近管线尤其是接头处往往是不允许的，可能造成接头处大量漏水；另一方面，多年的污水管线很少有不漏水的，这种漏水又对基坑稳定构成隐患，二者相互作用，再加上一些外来因素如突遇暴雨、外排水管道堵塞等不利因素的叠加，极易导致基坑失稳进而影响周边建筑物安全。

第五节　管井与轻型井点降水设计

一、管井降水设计

管井降水设计主要包括以下内容。

（1）井深设计。管井井深设计与基坑深度、基坑降水幅度、场地水文地质结构及含水层类型等密切相关。

（2）出水含砂量。出水含砂量应不大于1/50000（体积比，宜现场测试）。

（3）井斜、终孔井斜应小于1°。

（4）钻孔及井径结构设计。如井深较小，可采用一径到底设计，井径可定为600mm，井管可采用ϕ388水泥管，环状间隙填砾石。

（5）井底沉淀物高度。当井底沉淀物高度小于井深的0.5%时，一般建议取20mm。

（6）管井单井出水量q的计算。一般可根据地区经验或通过抽水试验确定。在河南平原地区，一般设计单井出水量为5.0～10.0m^3/h。在无抽水试验或地区经验时，可采用下列方法计算。

① 对于承压水完整井，可按式(5-3）计算：

$$q=2.73\frac{kMs}{\lg R-\lg r_w} \tag{5-3}$$

式中 M——承压含水层厚度，m；

s——地下水位降深，m；

R——降水影响半径，m；

r_w——井半径，m；

k——渗透系数；

q——单井涌水量，m^3/d。

② 对于承压水非完整井（$l>5r$），可按式(5-4）计算：

$$q=2.73\frac{kls}{\lg\frac{1.6l}{r_w}} \tag{5-4}$$

式中 l——过滤器工作部分的长度，m。

③ 对于潜水完整井，可按式(5-5）计算：

$$q=1.366k\frac{(2H-s)s}{\lg R-\lg r_w} \tag{5-5}$$

式中 H——抽水前潜水含水层的厚度，m。

④ 对于潜水非完整井，可按式(5-6）计算：

$$q=1.366ks\left(\frac{l+s}{\lg R-\lg r_w}+\frac{l}{\lg\frac{0.66l}{r_w}}\right) \tag{5-6}$$

二、轻型井点降水设计和施工

当含水层为渗透系数小于0.1m/d的黏性土、淤泥或淤泥质黏性土时，可采用电渗井点法；当含水层的渗透系数为2～50m/d，需要降低水位高度为4～8m时，可选用真空井点，当降深要求大于4～5m时，可选用二级或多级真空井点；

当含水层的渗透系数为0.1～50m/d时，要求水位降深为8～20m，可选用喷射井点法。

轻型井点降水系统包括井点管（过滤器）、集水总管、抽水泵、真空泵等，井点管直径一般为38～50mm，长5～8m；滤水管同径井点管，打眼包网，长度为1.0～1.5m，成孔孔径为100～150mm，间距为1.0～1.5m；集水总管为直径89～127mm的钢管，长30m左右，一个集水总管通过软管与20个左右井点管连接，共同构成一组轻型井点降水系统。

设计时应注意以下问题。

(1) 单级轻型井点降低水位深度不宜超过6m，水平方向影响范围一般不超过6.0m，对宽度大于6.0m的基坑应增加轻型井点排数。

(2) 当基坑及其周边一定范围内不同部位的水文地质条件相差较大时，可同时采用两种或多种井点类型。

(3) 基坑降水井点宜沿基坑周边布置，当环境许可或设计有要求时可设在基坑外，基坑内降水深度宜控制在开挖面以下1.0～1.5m。

(4) 井点出水滤管长度可按式(5-7) 设计：

$$l=\frac{Q}{\pi d n v} \tag{5-7}$$

式中 Q——流入每根井管的流量，m^3/d；

d——滤网外径，m；

n——滤网孔隙率，宜为30%以上；

v——地下水进入滤网的速度，m/d。

(5) 一般在松软土中多采用水冲法，冲孔压力一般为0.4～0.6MPa，冲孔直径一般为30cm，井点管靠自重下沉，滤水管周围回填中粗砂，形成均匀密实的滤层，上部1.0m以上用黏土球封实，以防漏气。

第六章
建筑工程施工前期管理

第一节　流水施工原理

一、流水施工特点

根据工程施工特点、工艺流程、资源利用、平面或空间布置等要求的不同，工程施工组织方式通常有三种：依次施工、平行施工和流水施工。通过比较三种不同的施工组织方式，即可理解流水施工的特点。某住宅小区拟建设Ⅰ、Ⅱ、Ⅲ三栋建筑结构相同的住宅楼，其基础工程均包含挖基坑、浇基础（浇筑混凝土基础）和回填土三个施工过程，分别由相应的专业工作队按照施工工艺要求依次完成。各专业工作队在每栋住宅楼的施工时间均为 5 周，各专业工作队人数分别为 10 人、16 人和 8 人。三栋住宅楼的基础工程分别采用不同施工组织方式，比较如图 6-1 所示。

流水施工是将拟建工程施工对象分解为若干施工过程，并按照施工过程组建相应的专业工作队，各专业工作队按照施工顺序依次完成各施工段的施工过程，并同时保证施工过程在时间和空间上连续、均衡、有节奏地进行，并使相邻两个专业工作队能最大限度地搭接作业。从图 6-1“流水施工”栏中可以看出，流水施工组织方式具有以下特点。

（1）尽可能利用工作面进行施工，工期较短。

（2）各工作队实行专业化施工，有利于提高施工技术水平和劳动效率，也有利于提高工程质量。

（3）专业工作队能够连续施工，同时相邻专业工作队之间能够最大限度地进行搭接作业。

（4）单位时间内投入的劳动力、施工机具等资源较为均衡，有利于资源供应的组织。

（5）为施工现场的文明施工和科学管理创造了有利条件。

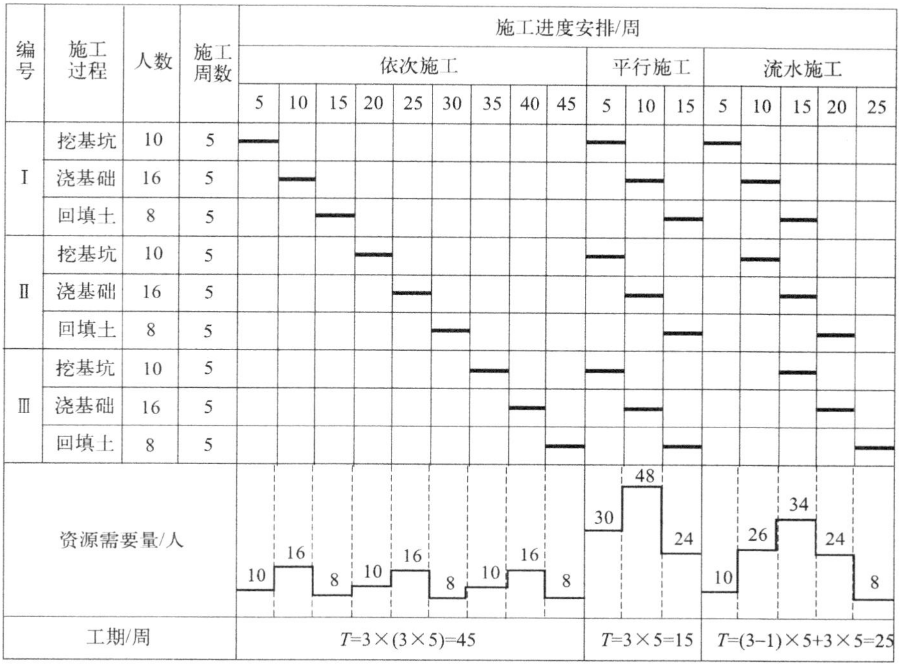

图 6-1　采用不同施工组织方式的比较

二、流水施工表达方式

流水施工用网络图表达时，需要编制流水网络计划。除此之外，流水施工通常用横道图和垂直图表示。

（一）流水施工横道图表示法

某基础工程流水施工横道计划如图 6-2 所示。图中左半部分表示施工过程；右半部分的横坐标表示流水施工时间安排及施工过程或专业工作队的施工进度安排。其中，编号①②……表示不同的施工段。

采用横道图表达流水施工的优点是绘图简单，施工过程及其先后顺序表达清楚，时间和空间状况形象直观，使用方便，因而被广泛用于工程实践中。

（二）流水施工垂直图表示法

某标段公路工程流水施工垂直计划如图 6-3 所示。图中横坐标表示施工过程所处的空间位置或里程，纵坐标表示流水施工的时间安排。图中斜向线段表示施工过程或专业工作队的施工进度。

对于铁路、公路、地铁、输电线路、天然气管道等线性工程施工进度计划，更适合采用垂直图表达方式。采用垂直图表达流水施工的优点是：施工过程及其先后顺序表达清楚，不仅能够形象直观地展示时间和空间状况，而且斜向进度线的斜率还可直观反映各施工过程的进展速度。

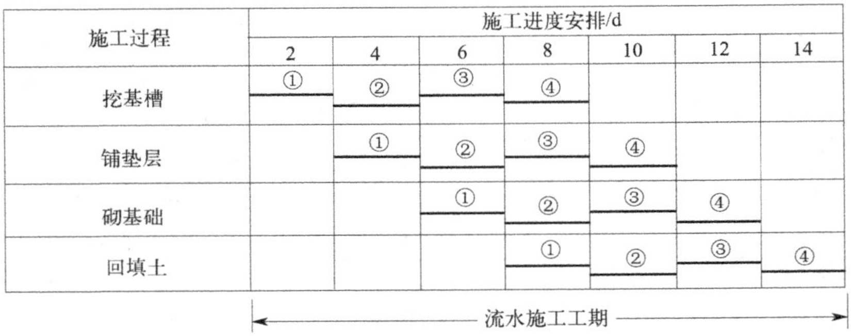

图 6-2　某基础工程流水施工横道计划

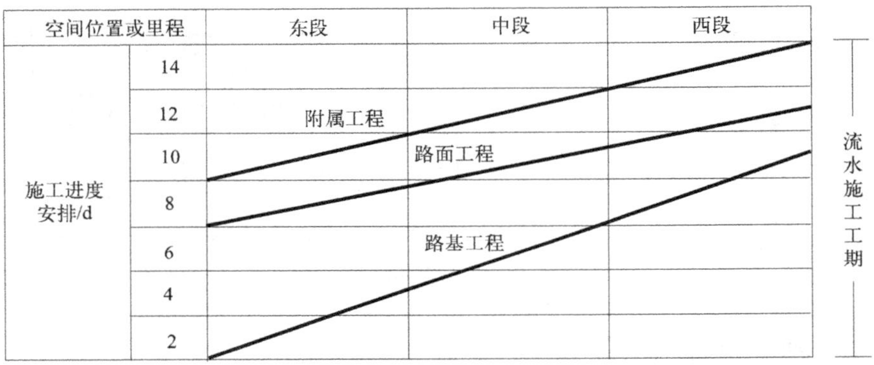

图 6-3　某标段公路工程流水施工垂直计划

三、流水施工参数

组织流水施工需要通过确定一系列流水施工参数来实现。按其性质不同，流水施工参数可分为工艺参数、空间参数和时间参数。

（一）工艺参数

工艺参数是指在组织流水施工时，用以表达流水施工在施工工艺方面进展状态的参数，通常包括施工过程数和流水强度两个参数。

1. 施工过程数

组织流水施工时，首先需将工程对象划分为若干个施工过程。施工过程划分的粗细程度由实际需要而定。当编制控制性施工进度计划时，组织流水施工的施工过程可划分得粗一些，施工过程可以是单位工程或单项工程，也可以是分部工程。当编制实施性施工进度计划时，施工过程可划分得细一些，施工过程可以是分项工程，甚至是将分项工程按照专业工种不同分解而成的施工工序。施工过程数通常用 n 表示。

2. 流水强度

流水强度也称为流水能力或生产能力，是指流水施工的某施工过程（或专业工作队）在单位时间内所完成的工程量。例如，浇筑混凝土施工过程的流水强度是指每工作班浇筑的混凝土立方米数。

（二）空间参数

空间参数是指在组织流水施工时，用以表达流水施工在空间布置上开展状态的参数。空间参数通常包括工作面和施工段数。

1. 工作面

工作面是指供某专业工种的工人或某种施工机械进行施工的活动空间。工作面的大小表示能安排的施工人数或机械台数的多少。每个作业工人或每台施工机械所需工作面的大小，取决于其单位时间内完成的工程量和安全施工的要求。工作面确定得合理与否，直接影响专业工作队的生产效率。因此，必须合理确定工作面。

2. 施工段数

施工段也称为流水段，是指在组织流水施工时，将拟建工程在平面上划分成若干个工程量相等或大致相等的施工区段。划分施工段的目的是充分利用工作面组织流水施工。施工段数目通常用 m 表示。由于施工段内的施工任务由专业工作队依次完成，因而在两个施工段之间容易形成一个施工缝。同时，施工段数量的多少，将直接影响流水施工的效果。为合理划分施工段，应遵循下列原则。

(1) 各施工段的劳动量应大致相等，相差幅度不宜超过15%，以保证施工在连续均衡的条件下进行。

(2) 每个施工段要有足够的工作面，以保证相应数量的工人和主导施工机械的生产效率。

(3) 施工段的界限应尽可能与结构界限（如沉降缝、伸缩缝等）相吻合，或设在对建筑结构整体性影响小的部位，以保证建筑结构的整体性。

(4) 施工段数要满足合理组织流水施工的要求。施工段数过多，会降低施工速度，延长工期；施工段数过少，不利于充分利用工作面，可能造成窝工。

(5) 对于多层建筑物、构筑物或需要分层施工的工程，应既分施工段，又分施工层，各专业工作队依次完成第一施工层中各施工段任务后，再转入第二施工层的施工段上作业，以此类推，以确保相应专业队在施工段与施工层之间组织连续、均衡、有节奏的流水施工。

（三）时间参数

时间参数是指在组织流水施工时，用以表达流水施工在时间安排上所处状态的参数，主要包括流水节拍、流水步距和流水施工工期等。

1. 流水节拍

流水节拍是指某一个专业工作队在一个施工段上的施工时间。流水节拍表明流水施工的速度和节奏性。流水节拍小，其流水速度快，节奏感强；反之则相反。流水节拍决定单位时间的资源供应量，同时，流水节拍也是区别流水施工组织方式的特征参数。

同一施工过程的流水节拍，主要由所采用的施工方法、施工机械以及在工作面允许的前提下投入施工的工人数量、机械台班数和所采用的工作班次等因素确定。有时，为了均衡施工和减少转移施工段时消耗的工时，可以适当调整流水节拍，其数值最好为半个工作班的整数倍。

2. 流水步距

流水步距是指两个相邻专业工作队相继开始施工的最小间隔时间。流水步距的数目取决于参加流水的施工过程数。如果施工过程数为 n 个，则流水步距总数为 $n-1$ 个。流水步距的大小取决于相邻两个专业工作队在各施工段上的流水节拍及流水施工的组织方式。确定流水步距时，一般应满足以下基本要求。

（1）各施工过程按各自流水速度施工，始终保持工艺先后顺序。

（2）各施工过程的专业工作队投入施工后尽可能保持连续作业。

（3）相邻两个专业工作队在满足连续施工的条件下，能最大限度地实现合理搭接。

根据以上基本要求，在不同的流水施工组织方式中，可采用不同的方法确定流水步距。

3. 流水施工工期

流水施工工期是指从第一个专业工作队投入流水施工开始，到最后一个专业工作队完成流水施工为止的整个持续时间。由于一项建设工程往往包含许多流水组，故流水施工工期一般不是整个工程的总工期。

四、流水施工基本方式

在流水施工中，流水节拍的规律不同，流水步距、流水施工工期的计算方法等也不同，甚至影响各施工过程的专业工作队的数目。因此，按照流水节拍特征将流水施工进行分类，如图 6-4 所示。

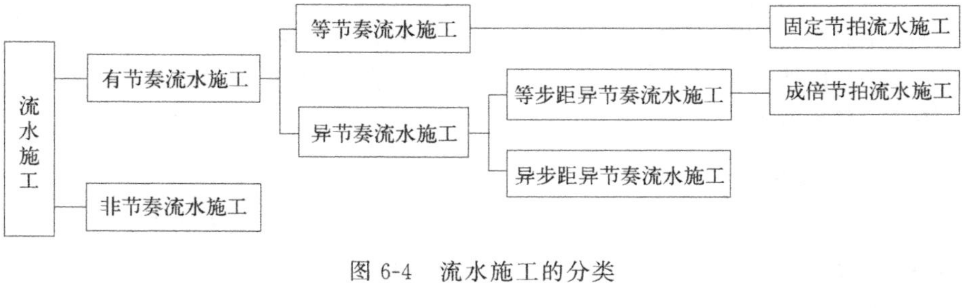

图 6-4　流水施工的分类

（一）有节奏流水施工

有节奏流水施工是指在组织流水施工时，每一个施工过程在各施工段上的流水节拍都相等的流水施工，又可分为等节奏流水施工和异节奏流水施工。

1. 等节奏流水施工

等节奏流水施工是指在有节奏流水施工中，各施工过程的流水节拍都相等的流水施工，也称为固定节拍流水施工或全等节拍流水施工。

（1）基本特点。全等节拍流水施工是一种最理想的流水施工方式，具有以下特点。

① 所有施工过程在各个施工段上的流水节拍均相等。

② 相邻施工过程的流水步距相等，且等于流水节拍。

③ 专业工作队数等于施工过程数，即每一个施工过程组建一个专业工作队。

④ 各专业工作队在各施工段上能够连续作业，施工段之间没有空闲时间。

（2）流水施工工期的计算。计算公式为：

$$T=(m+n-1)K \tag{6-1}$$

式中 T——流水施工工期；

m——施工段数；

n——施工过程数；

K——流水步距。

在组织流水施工时，除考虑相邻两个专业工作队之间的流水步距外，还应考虑合理的工艺间歇时间，称为技术间歇时间。如混凝土浇筑后的养护时间，抹灰、油漆粉刷后的干燥时间等。有时，为了缩短工期，在前一个专业工作队完成部分作业，为后一个专业工作队提供一定工作面后，后者可提前进入，从而使两者在同一个施工段上平行搭接施工，这段搭接时间称为平行搭接时间或提前插入时间。在考虑技术间歇时间和提前插入时间的情形下，流水施工工期 T 的计算公式为：

$$T=(m+n-1)K+\sum Z-\sum C \tag{6-2}$$

式中 $\sum Z$——技术间歇时间之和；

$\sum C$——提前插入时间之和。

2. 异节奏流水施工

在通常情况下，组织全等节拍流水施工是比较困难的。对于任一施工段，由于影响流水节拍的因素不同，很难使得各个施工过程的流水节拍彼此相等。但是，如果施工段划分得合适，保持同一施工过程各施工段的流水节拍相等是不难实现的。这样，就可组织异节奏流水施工。异节奏流水施工是指在有节奏流水施工中，各施工过程的流水节拍各自相等，而不同施工过程之间的流水节拍不尽相等的流水施工。

（1）异节奏流水施工方式。在组织异节奏流水施工时，可采用等步距和异步距两种方式。

① 等步距异节奏流水施工。等步距异节奏流水施工是指在组织异节奏流水施工时，按每个施工过程流水节拍之间的比例关系，成立相应数量的专业工作队而进行的流水施工，也称为成倍节拍流水施工。为加快施工进度，对流水节拍长的施工过程可相应增加专业工作队，按全等节拍方式组织施工。因此，有时也称为

加快的成倍节拍流水施工。

② 异步距异节奏流水施工。异步距异节奏流水施工是指在组织异节奏流水施工时，每个施工过程组建一个专业工作队，由其完成各施工段任务的流水施工。

(2) 加快的成倍节拍流水施工特点。加快的成倍节拍流水施工具有以下特点。

① 同一施工过程在各个施工段上的流水节拍均相等；不同施工过程的流水节拍成倍数关系。

② 相邻施工过程的流水步距相等，且等于流水节拍的最大公约数。

③ 专业工作队的数量大于施工过程的数量。对于流水节拍大的施工过程，可按流水节拍的倍数增加相应专业工作队的数量。

④ 各专业工作队在施工段上能够连续作业，施工段之间没有空闲时间。

(3) 流水施工工期的计算。计算公式为：

$$T=(m+N-1)K+\sum Z-\sum C \tag{6-3}$$

式中 K——流水步距，取各施工过程流水节拍的最大公约数；

N——参加流水作业的专业工作队数。

（二）非节奏流水施工

在工程实践中，通常每个施工过程在各施工段上的工程量彼此不相等，或各专业工作队的生产效率相差较大，导致多数流水节拍彼此不相等，从而难以组织全等节拍或成倍节拍流水施工。在这些情形下，虽然流水节拍无任何规律，但仍可组织流水施工。非节奏流水施工是最为普遍的流水施工组织方式。

1. 基本特点

非节奏流水施工具有以下特点。

① 各施工过程在各施工段上的流水节拍不全相等。

② 相邻施工过程的流水步距不尽相等。

③ 专业工作队数等于施工过程数。

④ 各专业工作队能够在施工段上连续作业，但有的施工段之间可能有空闲时间。

2. 流水步距的确定

组织非节奏流水施工的关键是确定相邻专业工作队之间的流水步距，使其在开始时间上能够最大限度地进行搭接。通常采用累加数列错位相减取大差法计算流水步距。累加数列错位相减取大差法的基本步骤如下。

① 依次累加每个施工过程在各施工段上的流水节拍，求得各施工过程流水节拍的累加数列。

② 将相邻施工过程流水节拍累加数列中的后者错后一位，相减后求得一个差数列。

③ 在差数列中取最大值，即为相邻两个施工过程的流水步距。

3. 流水施工工期的计算

流水施工工期 T 的计算公式为：

$$T=\sum K+\sum t_n+\sum Z-\sum C \tag{6-4}$$

式中 $\sum K$——各施工过程（或专业工作队）之间流水步距之和；

$\sum t_n$——最后一个施工过程（或专业工作队）在各施工段上的流水节拍之和。

第二节　施工组织总设计

施工组织总设计是指以若干单位工程组成的群体工程或特大型工程项目为主要对象编制的施工组织设计。施工组织总设计对整个工程项目施工过程起着统筹规划、重点控制的作用。施工组织总设计的基本内容包括工程概况、总体施工部署、施工总进度计划、总体施工准备与主要资源配置计划、主要施工方法和施工总平面布置等。

一、工程概况

工程概况应包括工程项目的主要情况和主要施工条件。

(1) 工程项目主要情况包括：工程项目名称、性质、地理位置和建设规模；建设、勘察、设计、监理等相关单位情况；工程项目设计概况；工程项目承包范围及主要分包工程范围；招标文件或施工合同对工程施工的重点要求等。

(2) 工程项目主要施工条件包括：建设地点的气象条件；施工区域的地形和工程水文地质状况；施工区域地上、地下管线及相邻的地上、地下建（构）筑物情况；与工程施工有关的道路、河流等状况；当地建筑材料、设备供应和交通运输等服务能力状况；当地供水、供电、供热和通信能力状况等。

二、总体施工部署

施工组织总设计应对工程施工作出下列总体部署。

(1) 确定工程项目施工总目标，包括施工进度、质量、成本、安全、绿色施工及环境管理目标。

(2) 根据工程项目施工总目标要求，确定工程项目分阶段（期）交付使用计划。

(3) 确定工程项目分阶段（期）施工的合理顺序和空间组织。应对工程项目施工的重点和难点进行简要分析。对于工程项目施工中开发和使用的新技术、新工艺也应作出部署，并采取可行的技术、管理措施来满足工期、质量等要求。应根据施工项目规模、复杂程度、专业特点、人员素质和地域范围确定项目管理组织结构形式，并采用框图形式表示。工程需要分包的，还应对分包单位的资质和能力提出明确要求。

三、施工总进度计划

施工总进度计划是根据总体施工部署要求，确定各单位工程施工顺序、施工时间及相互衔接关系的计划。施工总进度计划可按以下程序编制。

（1）计算工程量。分别计算各单位工程的主要实物工程量，以便选择施工方案和施工机械，组织主要工种工程的流水施工，计算劳动量、施工机械需要量及建筑材料的需要量。

（2）确定各单位工程施工期限。各单位工程施工期限应根据合同工期确定，同时应考虑建筑类型、结构特征、施工方法、施工管理水平、施工机械化程度及施工现场条件等因素。

（3）确定各单位工程的开、竣工时间和相互搭接关系。确定各单位工程的开、竣工时间和相互搭接关系时应考虑以下主要因素。

① 同一时期施工的项目不宜过多，以避免人力、物力过于分散。

② 尽量做到均衡施工，使劳动力、施工机械和主要材料的供应在整个工期范围内达到均衡。

③ 尽量提前建设可供工程施工使用的永久性工程，以节省临时工程费用。

④ 急需和关键的工程先施工，以保证工程项目如期交付使用。对于某些技术复杂、施工周期较长、施工困难较多的工程，也应安排提前施工，以确保整个工程项目按期交付使用。

⑤ 施工顺序必须与主要生产系统投入生产的先后次序相吻合。同时，还要安排好配套工程的施工时间，以保证建成的工程能迅速投入生产和交付使用。

⑥ 应注意季节对施工顺序的影响，避免施工受季节影响而导致工期拖延、工程质量与安全受影响，尽可能减少冬期、雨期施工的附加费用。

⑦ 安排一部分附属工程或零星项目作为后备项目，用以调整主要项目的施工进度。

⑧ 保证主要工种和主要施工机械能连续施工。

（4）编制初步施工总进度计划。施工总进度计划应以工程量大、工期长的单位工程为主导，安排全工地性流水作业。施工总进度计划既可采用横道图表示，也可采用网络图表示，并附必要的说明。施工总进度计划宜优先采用网络计划。初步施工总进度计划编制完成后，要检查总工期是否符合招标文件或施工合同要求，资源使用是否均衡且资源供应能否得到保证。如果不符合要求，则需对初步施工总进度计划进行调整。

（5）形成正式的施工总进度计划。初步施工总进度计划符合要求或经调整符合要求后，即形成正式的施工总进度计划。

四、总体施工准备与主要资源配置计划

（1）总体施工准备，包括技术准备、现场准备和资金准备等。这些准备应满足项目分阶段（期）施工的需要。

① 技术准备包括施工过程所需的技术资料准备、施工方案编制计划、试验与检验及设备调试工作计划等。

② 现场准备包括现场生产、生活等临时设施，临时道路，材料堆放场，临时用水、用电和供热、供气等计划。

③ 资金准备。应根据施工总进度计划编制资金使用计划。

（2）主要资源配置计划，包括劳动力配置计划和物资配置计划。

① 劳动力配置计划应包括下列内容：确定各施工阶段（期）的总用工量；根据施工总进度计划确定各施工阶段（期）的劳动力配置计划。

② 物资配置计划应包括下列内容：根据施工总进度计划确定主要工程材料和设备的配置计划；根据总体施工部署和施工总进度计划确定主要施工周转材料和施工机具的配置计划。

五、主要施工方法

为了进行技术和资源准备，同时也是为了施工现场的合理布置，对于工程量大、施工难度大、工期长，对整个工程项目的完成起关键作用的建（构）筑物及影响全局的分部分项工程，要在施工组织总设计中简要说明其施工方法。此外，对脚手架工程、起重吊装工程、临时用水用电工程、季节性施工等专项工程所采用的施工方法也应进行简要说明。施工方法的确定，要兼顾工艺技术的先进性、可操作性及经济合理性。

六、施工总平面布置

施工总平面布置是指在施工用地范围内，对各项生产、生活设施及其他辅助设施等进行总体规划和布置。施工总平面布置应按照工程项目分期（分批）施工计划进行，并绘制施工总平面布置图。施工总平面布置图应有比例关系，各种临时设施应标注外围尺寸，并有文字说明。

1. 施工总平面布置原则

（1）平面布置科学合理，施工场地占用面积少。

（2）合理组织运输，减少二次搬运。

（3）施工区域划分和场地临时占用应符合总体施工部署和施工流程要求，减少相互干扰。

（4）充分利用既有建（构）筑物和既有设施为工程施工服务，降低临时设施建造费用。

（5）临时设施应方便生产、生活，办公区、生活区和生产区宜分离设置。

（6）符合节能、环保、安全和消防等要求。

（7）遵守工程所在地政府及建设主管部门和建设单位关于施工现场安全文明施工的相关规定。

2. 施工总平面布置图的内容

施工总平面布置图应包括下列内容。

（1）施工用地范围内的地形状况。

（2）全部拟建的建（构）筑物和其他基础设施的位置。

（3）施工用地范围内的加工设施、运输设施、存储设施、供电设施、供水供热设施、排水排污设施、临时施工道路和办公、生活用房等。

（4）施工现场必备的安全、消防、保卫和环境保护等设施。

（5）相邻地上、地下既有建（构）筑物及相关环境。

第三节 建筑施工项目管理组织

一、建筑施工项目管理组织的概念

（一）组织的概念

“组织”一词具有两种含义：一是作为名词，指的是按照一定的领导体制、部门设置、层次划分、职能分工、规章制度和信息系统等目标而建立的管理机构；二是作为动词，指的是组织行为活动，即通过一定的权力和影响力，为达到一定目标，对所需资源进行合理配置，处理人与人、人与事、人与物之间关系的行为。

（二）组织的结构模式

组织论有三个重要的组织工具，分别是项目结构图、组织结构图和合同结构图。

项目结构图是通过树状图的形式对项目的结构进行分解和表达。矩形框表示工作任务，各矩形框之间用实线连接，如图 6-5 所示。

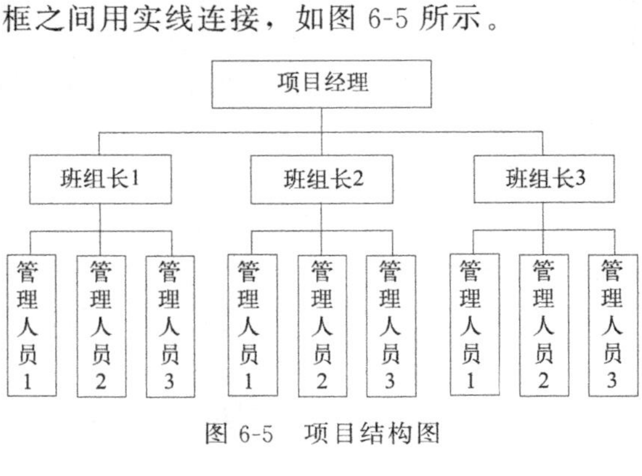

图 6-5 项目结构图

组织结构图可以反映组织中各个部门之间的组织关系（各个工作部门之间的指令关系）。在组织结构图中，矩形框表示工作部门，箭头由上级指向下级，如图6-6所示。

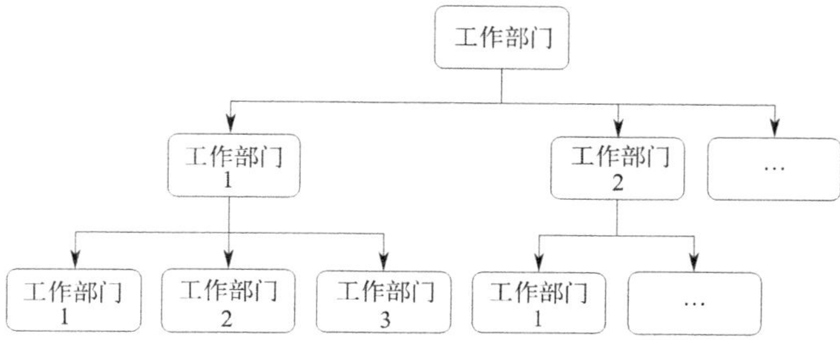

图 6-6　组织结构图

合同结构图可以反映参与方之间的合同关系。在合同结构图中，矩形框表示项目参与方，它们之间用双箭头连接，如图 6-7 所示。

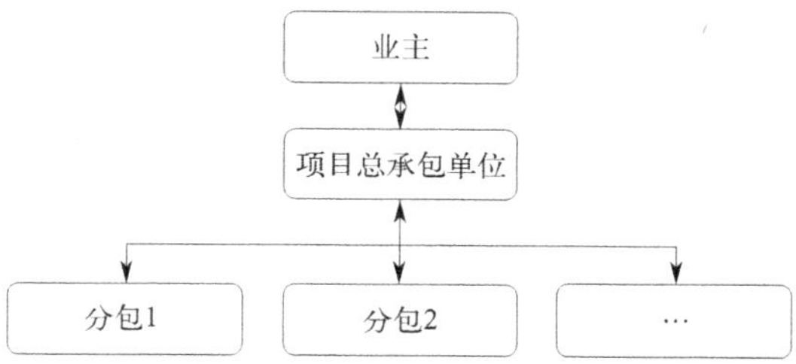

图 6-7　合同结构图

组织结构模式反映了一个组织系统中各子系统之间和各工作部门之间的指令关系。组织分工反映了各子系统的工作任务分工和管理职能分工。组织结构模式和组织分工都是一种静态的组织关系。而工作流程组织则反映了一个组织系统中各项工作之间的逻辑关系，是一种动态关系。在一个施工项目的实施过程中，其管理工作的流程、信息处理的流程和物资采购流程等都属于工作流程组织的范畴。

（三）建筑施工项目管理组织的概念

建筑施工项目管理组织是建设工程项目组织内，为了完成施工项目，由从事管理工作的人员和部门按照一定科学设计组织起来的临时性机构，以及该机构通过自身所具备的能力，合理配置项目实施所需的人工、材料、机械，协调组织内外部的工作人员，确保项目实施过程中信息顺畅准确，实现建筑施工项目目标。因此，建筑施工项目管理组织是完成建筑施工项目的机构及其实施工作的总称。

现代施工项目规模不断扩大，建造形态越来越复杂，参与项目的各方越来越多，这就使得对施工项目组织的要求越来越高。传统的管理模式已经不能满足现代施工项目管理的要求，这就必须借助计算机技术。计算机技术具有传播速度快、信息存储巨大、信息处理速度快等特点，现代施工项目管理需要将信息化、自动化技术渗透到施工项目管理中，进行合理的规划，严格把控各项关键环节，综合平衡各个参与方，有效地协调工作，降低风险，使项目可以按照计划完成。

（四）基于 BIM 技术的建筑施工项目组织

自 2015 年 6 月住房和城乡建设部《关于印发推进建筑信息模型应用指导意见的通知》出台以来，建筑行业甲级勘察、设计单位以及特级、一级房屋建筑工程施工企业应掌握并实现 BIM 与企业管理系统和其他信息技术的一体化应用。

虽然现阶段我国经济高速发展，城镇化建设迅速，但是建筑施工企业的信息化水平低、管理粗放，与新加坡、欧美等国家的项目相比，存在很多不足。二维 CAD 图纸表达不全面，施工项目各个部门与参建方之间信息沟通不顺畅，质量管理不到位，造价数据分析程度低，不能达到精细化管理。引入 BIM 技术后，施工项目组织工作模式发生系统性的改变，BIM 数据中含有从项目建设前到项目施工中到最后竣工交付的全部信息，为工程提供巨大的支持，可以使项目经理、资料员、材料员、预算员、质检员、安检员、监理、业主等项目参与方在同一个平台上实现数据共享，使沟通效率提高、协作更密切、管理更有效，实现理想的建筑项目信息积累，弥补传统项目管理模式的不足。传统的施工项目管理模式与引入 BIM 技术的管理模式的对比如图 6-8 所示。

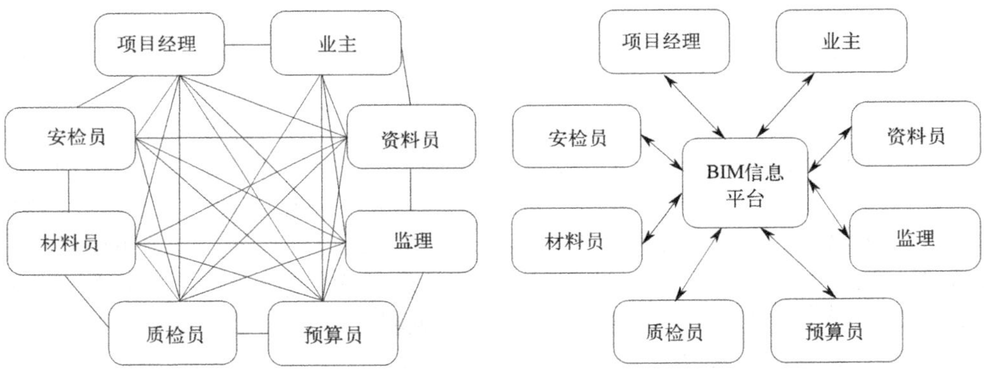

图 6-8　传统的施工项目管理模式与引入 BIM 技术的管理模式的对比

二、建筑施工项目管理组织的内容

施工单位通过投标获得工程施工承包合同，并以施工合同所界定的工程范围设置组织运行的基本框架；实施施工合同所界定的工程内容；协调施工项目管理组织内部及项目各个参建单位，使得各方信息沟通准确流畅。

设置组织运行基本框架，包括合理的组织结构形式、岗位分工与职权，建立合理的分配制度，协调组织内外人员的沟通原则。

实施施工合同所界定的工程内容，根据组织内部人员能力，通过培训、激励、奖惩等方法，鼓舞组织内成员士气，共同履行施工合同内容。协调好施工项目管理组织内部及项目各个参建单位的关系。建筑施工项目是在一个长时间进行的有序过程之中按阶段变化的。随着项目的进行，组织形式及人员会发生变化，工作环境会发生变化，管理者必须调整设计、提出措施、进行有针对性的动态管理，并使资源优化组合，以提高施工效率和施工效益。

三、施工项目管理组织

施工项目管理组织是指施工单位派驻施工现场履行施工合同、对施工项目进行全面管理的组织机构，在工程实践中通常称为施工项目部或项目经理部。

（一）施工项目管理组织结构形式

施工项目管理组织结构形式应根据施工项目规模、专业特点、地理位置及施工单位内部管理模式等因素确定。常见的施工项目管理组织结构形式如下。

1. 直线式组织结构

直线式组织结构是一种最简单的组织结构形式。在这种组织结构中，各种职位均按直线垂直排列，项目经理直接进行单线垂直领导。直线式组织结构如图 6-9 所示。

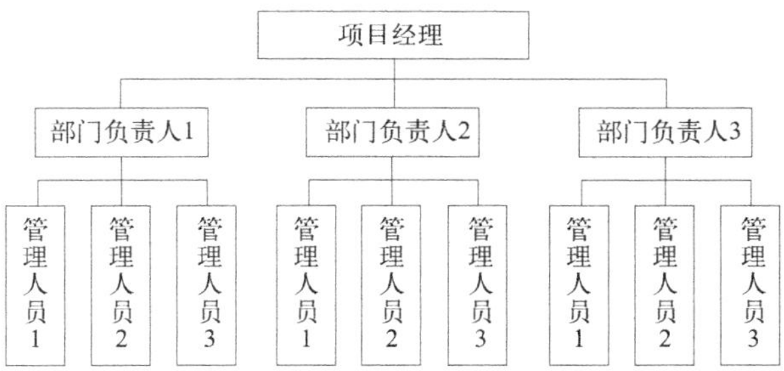

图 6-9　直线式组织结构

直线式组织结构的主要优点是结构简单、权力集中、易于统一指挥、隶属关系明确、职责分明、决策迅速。但由于未设置职能部门，项目经理没有参谋和助手，需要其通晓各种业务，成为“全能式”人才。而且直线式组织结构无法实现管理工作专业化，不利于提高项目管理水平。

2. 职能式组织结构

职能式组织结构是在各管理层设置职能部门，各职能部门分别从其业务职能角度对下级执行部门进行业务管理。在职能式组织结构中，各级领导不直接指挥下级，而是指挥职能部门。各职能部门可以在上级领导授权范围内，就其管辖的业务范围向下级执行部门发布命令和指示。职能式组织结构如图 6-10 所示。

职能式组织结构的主要优点是强调管理业务的专门化，注意发挥各类专家在项目管理中的作用。由于管理人员业务工作的专业化，易于提高工作质量，同时

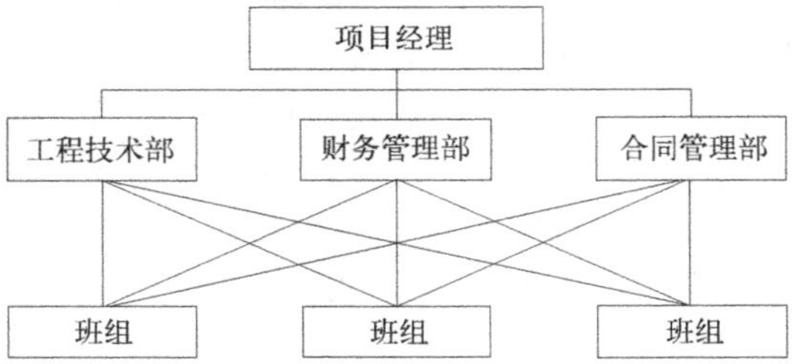

图 6-10　职能式组织结构

可以减轻领导者的负担。但是，由于这种组织结构存在多头领导，下级执行者接受多方指令，容易造成职责不清。

3. 直线职能式组织结构

直线职能式组织结构是在吸收了直线式组织结构和职能式组织结构的优点而形成的。与职能式组织结构相同的是，在各管理层级设置职能部门，但职能部门只作为相应层级领导的参谋，在其所管辖业务范围内实施管理，不直接指挥下级，与下一层级职能部门构成业务指导关系。职能部门的指令必须经过同层级领导的批准才能下达。各管理层级之间按直线式组织结构原理构成直接的上下级关系。直线职能式组织结构如图 6-11 所示。

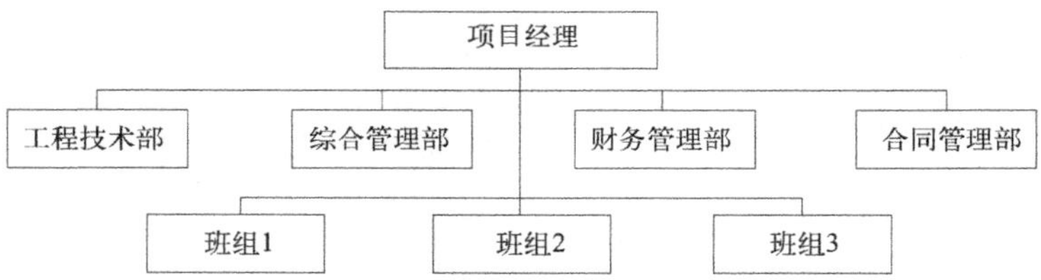

图 6-11　直线职能式组织结构

直线职能式组织结构既保持了直线式组织结构统一指挥的特点，又满足了职能式组织结构对管理工作专业化分工的要求。其主要优点是集中领导、职责分明，有利于提高管理效率。但这种组织结构中各职能部门之间的横向联系较差，信息传递路线长，职能部门与指挥部门之间容易产生矛盾。

4. 矩阵式组织结构

矩阵式组织结构是依照矩阵方式，将按职能划分的部门与按工程项目设立的管理机构有机结合起来的一种组织结构形式。这种组织结构以工程项目为对象设置，各项目管理机构的管理人员从各职能部门临时抽调，归项目经理统一管理，待工程完工交付使用后又回到原职能部门或到其他工程项目管理组织工作。矩阵式组织结构如图 6-12 所示。

矩阵式组织结构的优点是能够根据工程任务的实际情况灵活组建与之相适应的项目管理机构，实现集权与分权的最优结合，有利于调动各类人员的工作积极性，使项目管理工作顺利进行。但矩阵式组织结构的稳定性较差，尤其是业务人员的工

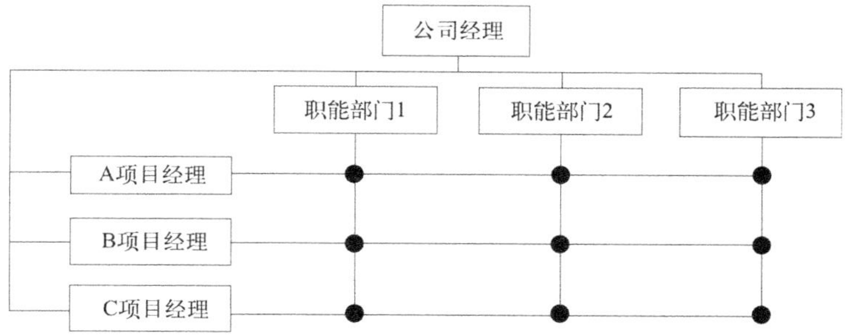

图 6-12 矩阵式组织结构

作岗位调动频繁。此外，矩阵中每一位成员同时受项目经理和职能部门经理的双重领导，如果处理不当，会造成矛盾，产生扯皮现象。按照项目经理的权限不同，矩阵式组织结构又可分为三种形式：强矩阵式组织、中矩阵式组织和弱矩阵式组织。

（1）强矩阵式组织。强矩阵式组织中，项目经理由企业最高领导任命，并全权负责项目。项目经理直接向企业最高领导负责，项目组成员的绩效完全由项目经理考核，项目组成员只对项目经理负责。强矩阵式组织结构如图 6-13 所示。

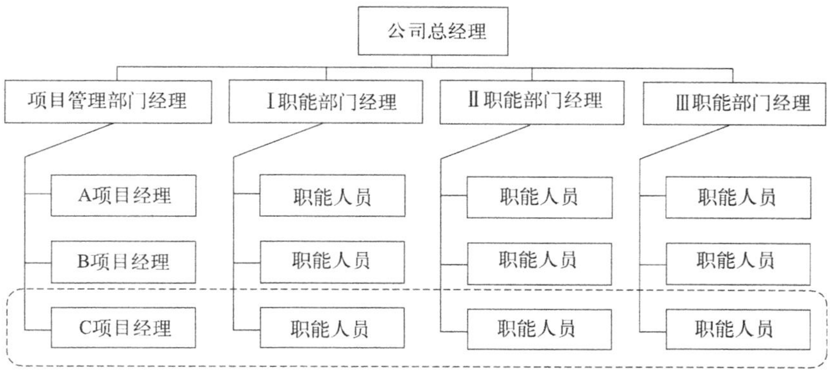

图 6-13 强矩阵式组织结构

强矩阵式组织结构的特点是拥有专职的、具有较大权限的项目经理及专职的项目管理人员。强矩阵式组织结构适用于技术复杂且时间紧迫的工程项目。对于技术复杂的工程项目，各职能部门之间的技术接口比较繁杂，采用强矩阵式组织结构有利于加强各职能部门之间的协调配合。

（2）中矩阵式组织。中矩阵式组织也称平衡矩阵式组织。在平衡矩阵式组织结构中，项目经理被授予一定权力，对项目整体及项目目标负责。项目组成员是从各职能部门抽调而来，并在成员中指定一人担任项目主任。一旦项目结束，项目主任的头衔随之消失。平衡矩阵式组织结构如图 6-14 所示。

平衡矩阵式组织结构的特点是需要精心制定管理程序和配备训练有素的协调人员。平衡矩阵式组织结构适用于技术复杂程度中等且建设周期较长的工程项目。

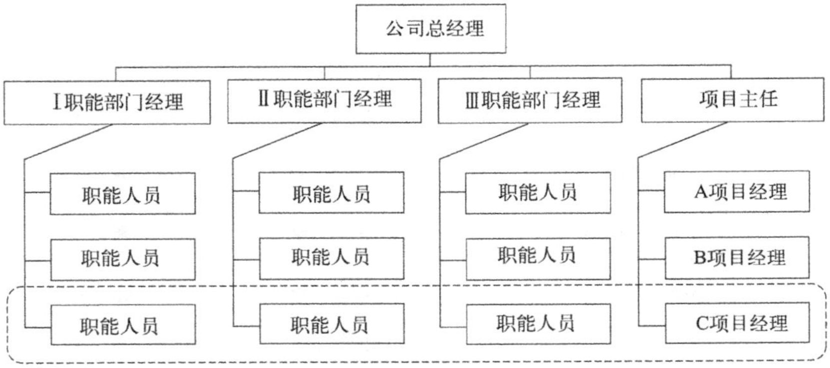

图 6-14　平衡矩阵式组织结构

（3）弱矩阵式组织。弱矩阵式组织中，并未明确对项目目标负责的项目经理。即使有项目负责人，其角色也只是一个项目协调者或监督者，而不是管理者。同时，员工绩效由职能部门经理进行考核。弱矩阵式组织结构如图 6-15 所示。

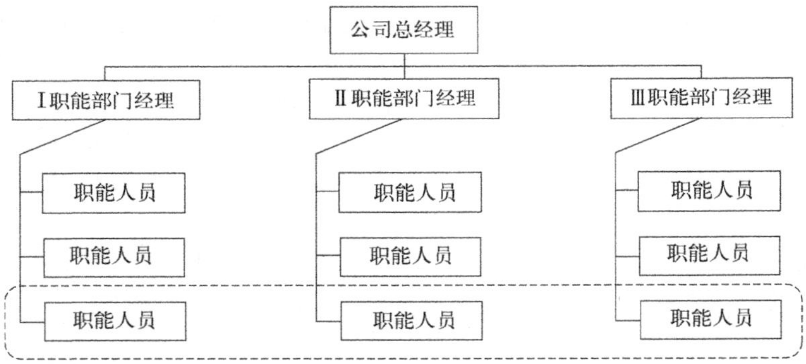

图 6-15　弱矩阵式组织结构

弱矩阵式组织结构的特点是项目管理者的权限很小。弱矩阵式组织结构适用于技术简单的工程项目，因为这样的工程项目技术接口清晰或简单，跨职能部门的协调工作比较容易。

（二）责任矩阵

将施工项目管理的每一项任务分配到人，将职责落实到位是施工项目管理的重要环节。责任矩阵（Responsibility Matrix）作为项目管理的重要工具，强调每一项工作需要由谁负责，并表明每个人在整个项目中的角色和地位。通过编制责任矩阵，可以明确每一个成员在项目实施过程中所承担的责任。

施工项目部编制责任矩阵可按下列程序进行。

（1）列出需要完成的项目管理任务。

（2）列出参与项目管理及负责执行项目任务的个人或职能部门名称。

（3）以项目管理任务为行，以执行任务的个人或部门为列，画出纵横交叉的责任矩阵图。

（4）在责任矩阵图的行与列交叉处，用不同字母或符号表示项目管理任务与执行者的责任关系，从而建立“人”与“事”的关联。任务执行者在项目管理中通常有三种角色：负责人 P（Principal）、支持者或参与者 S（Support）和审查者 R（Review）。

（5）检查各职能部门或人员的项目管理任务分配是否均衡、适当。有过度分配或者分配不当的情况，则需要进行调整和优化。

施工项目部主要管理责任矩阵示例如表 6-1 所示。

表 6-1　施工项目部主要管理责任矩阵示例

★负责 △参与 ○审查		项目团队领导				综合办公室			工程技术部				安质环保部					合同财务部					…
职责模块	主要工作任务	项目经理	项目副经理	项目总工	…	主任	综合管理岗	…	部长	土建工程技术岗	电气工程技术岗	…	部长	施工安全管理岗	施工质量管理岗	施工环境管理岗	…	部长	合同管理岗	财务管理岗	成本管理岗	…	…
1. 实施策划	1.1 项目管理策划	★	△	△		△			△	△	△		△	△	△	△		△	△	△	△		
	1.2 BIM 建模	○		★						△	△			△	△				△		△		
	…																						
2. 技术管理	2.1 实施组织设计	★	△	△		△			△	△	△		△	△	△	△		△			△		
	2.2 技术交底（分级管理）			★					★	★	★												
	…																						
3. 进度管理	3.1 施工进度计划编制	○	△	★		△			★	△	△							△					
	3.2 施工进度分析与报告		★	△					★	△	△												
	…																						
4. 质量管理	4.1 工程质量过程控制		△	★					★	★	★		★		★			△					

责任矩阵可以非常方便地进行责任检查：横向检查可以确保每项工作有人负责；纵向检查可以确保每个人至少负责一件“事”。基于管理活动的工作量估算，还可从横向统计每个活动的总工作量，从纵向统计每个角色投入的总工作量。施工项目管理中运用责任矩阵主要有以下作用：将施工项目管理的具体任务分配、落实到相关职能部门或人员，使施工项目部人员分工一目了然；清楚地显示出施工项目部各部门或个人的角色、职责和相互关系，避免因职责不清而出现推诿、扯皮现象；有利于项目经理从总体上分析管理任务的分配是否平衡适当，以便进行必要的调整和优化，确保最适合的人员去做最适当的事情，从而提高项目管理工作的效率。

第七章
建筑工程质量管理

第一节　工程质量管理概述

一、基本概念

（一）质量管理

质量管理是指“确定质量方针、目标和职责，并在质量管理体系中通过诸如质量策划、质量控制、质量保证和质量改进使其实施全部管理职能的所有活动”。具体来说，质量管理包括下述管理职能中的所有活动。

（1）确定质量方针和目标。

（2）确定岗位职责和权限。

（3）建立质量体系并使之有效运行。

（二）质量体系

质量体系是指“为实施质量管理所需的组织结构、程序、过程和资源”。

（1）组织结构是一个组织为行使其职能而按某种方式建立的职责、权限及其相互关系，通常以组织结构图予以规定。

（2）资源包括人员、设备、设施、资金、技术和方法，质量体系应提供适宜的资源以确保过程和产品的质量。

（3）一个组织所建立的质量管理体系应既满足本组织管理的需要，又满足顾客对本组织的质量管理体系要求，但主要目的是满足本组织管理的需要。顾客仅仅评价组织质量管理体系中与顾客订购产品有关的部分，而不是组织质量管理体系的全部。

（4）质量管理体系和质量管理的关系是：质量管理需要通过质量管理体系来运作，建立质量管理体系并使之有效运行是质量管理的主要任务。

（三）质量目标

质量目标是“在质量方面所追求的目的”。

（1）企业的最高管理者应主持制定企业的质量目标并形成文件，此外，相关的职能部门和基层组织也应建立各自相应的质量目标。

（2）企业的质量目标是对质量方针的展开，是企业在质量方面所追求的目标，通常依据企业的质量方针来制定。企业的质量目标要高于现有水平，且经过努力是可以达到的。

（3）企业的质量目标必须包括满足产品要求所需的内容。它反映了企业对产品要求的具体追求目标，既要满足企业内部追求的质量目标，也要满足市场、顾客的要求，它是建立在质量方针基础上的。

（4）质量目标应是可测量的，因此质量目标应在相关职能部门和项目上分解展开，建立自己的质量目标，在作业层进行量化，以便于操作，并以下级质量目标的完成来确保上级质量目标的实现。

（四）质量策划

质量策划是“质量管理中致力于设定质量目标并规定必要的作业过程和相关资源以实现其质量目标的部分”。

最高管理者应对实现质量方针、目标和要求所需的各项活动和资源进行质量策划，并且策划的结果应形成文件。

质量策划是质量管理中的策划活动，是组织领导和管理部门的质量职责之一。组织要在市场竞争中处于优势地位，就必须根据市场信息、用户反馈意见、国内外发展动向等因素，对产品实现等过程进行策划。

（五）质量控制

质量控制是指“为达到质量要求所采取的作业技术和活动”。

（1）质量控制的对象是过程，控制的结果应确保被控制对象达到规定的质量要求。

（2）为了使被控制对象达到规定的质量要求，就必须采取适宜的、有效的措施，包括作业技术和方法。

二、质量管理的八项原则

（一）八项质量管理原则的内容

1. 以顾客为关注焦点

组织依存于顾客，因此组织应当理解顾客当前和未来的需求，满足顾客要求并争取超越顾客期望。顾客是每个企业实现其产品价值的基础，因此企业的存在依赖于顾客。所以企业应把顾客的要求放在第一位。对于以顾客为关注焦点的原则，企业应从以下两个方面去理解。

首先是企业的最终消费者。企业的最终顾客是企业产品的接受者。因此，企业的最终顾客是企业生存的根本。在激烈竞争的市场中，企业只有赢得顾客的信任，提高企业信誉，才能保持和提高企业的市场份额，增加企业收入，使企业立于不败之地。而赢得顾客的信任，必须树立以顾客为关注焦点的思想，并在日常工作中采取各种措施，充分、及时地掌握顾客的需求和期望，包括明示的和隐含的、当前的和长远的，并在产品实现过程中，围绕顾客的需求和期望，进行质量控制，确保顾客的要求得到充分的满足，通过不断改进质量和服务，争取超越顾客的期望。为使顾客的满意度处于受控状态，企业各有关部门应建立顾客要求和期望的信息沟通渠道，提高服务意识，及时准确地掌握和测量顾客满意度，及时处理好与顾客的关系，确保顾客以及相关方的利益。

其次，在日常工作中，要树立以工作服务对象（含中间顾客）为关注焦点的思想，充分掌握并最大限度地满足工作服务对象的合理要求，努力提高工作服务质量，为满足最终顾客的要求创造条件。

2. 领导作用

领导者确立组织统一的宗旨和方向，他们应当创造并保持使员工能充分参与并实现组织目标的内部环境。领导作用是企业质量管理体系建立和有效运行的根本保证。

在实际工作中，作为企业的最高管理者，在建立、保持和完善质量管理体系的同时，还应做好以下几方面的工作。

（1）企业的最高管理者根据企业的具体情况，制定企业的质量方针和质量目标，并在企业范围内大力宣传质量方针和质量目标的意义，使全体员工充分理解其内涵，激励广大员工积极参与企业质量管理活动。

（2）由企业领导制定各级、各部门的工作准则，领导者以身作则，并采取必要措施，责成各部门、各单位严格按标准要求进行管理。

（3）由企业领导创造一个宽松、和谐和有序的环境，使全体员工能够理解企业的目标并努力实现这些目标。同时及时掌握质量管理体系的运行状况，亲自主持质量管理体系的评审，并为确保其正常运行提供必要的资源。

（4）及时准确地提出质量管理体系的改进要求，确保持续改进，并督促其有效实施。

3. 全员参与

各级人员是组织之本，只有他们的充分参与，才能使他们的才干为组织带来收益。

企业的质量管理不仅需要最高管理者的正确领导，还有赖于全员的参与。为此必须在全体员工范围内进行质量意识、职业道德、以顾客为关注焦点的意识和敬业精神教育，还要激发他们的积极性和责任感。在实际工作中，应注意以下几个方面。

（1）应把企业的质量目标分解到职能部门和基层，让员工看到更贴近自己的目标。

（2）营造一个良好的员工参与管理、生产的环境，建立员工激励机制，激励员工为实现目标而努力，并及时评价员工的业绩。

（3）通过多种途径，采取多种手段，加强员工的质量意识、技能和经验方面的培训，提高员工整体素质。

4. 过程方法

将活动和相关资源作为过程进行管理，可以更高效地实现期望的结果。

对于过程方法应从以下两个方面去理解。

首先，ISO 9000标准对质量管理体系建立了一个过程模式，这个以过程为基础的质量管理体系模式把管理职责，资源管理，产品实现，测量、分析、改进作为质量管理体系的四大主要过程，描述其相互关系，并以顾客要求为输入，顾客满意为输出，评价质量管理体系的业绩。

其次，过程方法要求在质量管理体系运行的每项具体工作中，同样遵循这样一个过程模式，即管理职责-资源管理-产品实现-测量、分析、改进四个过程的循环。要求在具体每项工作开展前和开展过程中，充分识别四个过程的具体内容及它们之间的联系，识别输入，进行分析和确认输出，将质量管理每个环节的每个具体活动都按过程模式要求进行管理。

5. 管理的系统方法

将相互关联的过程作为系统加以识别、理解和管理，有助于组织提高实现目标的有效性和效率。在质量管理中采用系统方法，就是要把质量管理体系作为一个大系统，对组成质量管理体系的各个过程加以识别、理解和管理，以实现质量方针和质量目标。

系统方法和过程方法的关系非常密切。它们都以过程为基础，都要求对各个过程之间的相互作用进行识别和管理。但前者着眼于整个系统和实现总目标，使得企业所策划的过程之间相互协调和相容；后者着眼于具体过程，对其输入、输出和相互关联、相互作用的活动进行连续的控制，以实现每个过程的预期结果。

标准要求质量管理体系的建立和改进应是系统性的工作，其步骤如下。

（1）建立企业的质量方针和质量目标。

（2）确定顾客和其他相关方的需求和期望。

（3）确定实现目标必需的过程、过程职责以及过程实施的目标或验收标准。

（4）确定和提供必需的资源。

（5）规定每个过程的有效性和效率的测量方法，以及相关过程之间的沟通渠道和方法。

（6）应用既定的方法确定每个过程的有效性和效率。

（7）确定防止不合格和持续改进质量管理体系的过程。

（8）建立和应用持续改进质量管理体系的过程。

这八个工作步骤形成一个管理工作的系统方法，在实际工作中成为质量管理体系建立、运行和改进的基本运作轨迹，从而使工作进程更具系统性、更加紧凑，其有效性和工作效率更易得到保证。

6. 持续改进

持续改进整体业绩应当是组织的一个永恒目标。

为了提升企业的整体业绩，企业应不断改进其产品质量，提高质量管理体系及过程的有效性和效率，以满足顾客日益增长和不断变化的需求和期望。只有坚持持续改进，企业才能不断进步，才能在激烈的市场竞争中占有更多的市场份额。企业领导者要对持续改进做出承诺，积极推动，全体员工也要积极参与持续改进的活动。持续改进是永无止境的，因此持续改进应成为每一个企业永恒的追求、永恒的目标、持续的活动。

在企业实现持续改进的过程中，应做好以下几方面的工作。

（1）在企业内部使持续改进成为一种制度，始终如一地推行持续改进，并对改进的结果进行测量。

（2）对企业内部员工进行持续改进方法和工具应用的培训，努力提高员工的工作改进意识和能力。

（3）通过 PDCA 循环运作模式实现持续改进。

（4）对持续改进进行指导，对改进的结果进行验证，对改进成果进行认可，对改进成果的获得者进行表彰，以激励广大员工。

7. 基于事实的决策方法

有效决策是建立在数据和信息分析的基础上的。基于事实的决策方法强调决策要以事实为依据，为此，在日常工作中对信息收集、信息渠道建立、职责分配、信息传递、信息分析判断都要有严格的工作程序，只有上述工作准确无误，才能确保决策的正确性。具体操作时，通过提高质量职能人员的职业道德、确保质量记录的真实性、采用适当的统计技术、建立畅通的信息系统等方法，确保作为分析判断的数据和信息足够精确可靠，从而实现有效决策。

8. 与供方互利的关系

组织与供方是相互依存的，互利的关系可增强双方创造价值的能力。

供方向企业提供的产品将对企业向顾客提供的产品产生重要影响，因此处理好与供方的关系，影响到企业能否持续稳定地提供顾客满意的产品。过去的质量管理中主要强调对供方的控制，但在企业经营活动中，“互利”是可持续发展的条件，把供方看作是企业经营战略中的一个组成部分，有利于企业之间的专业化协作，形成共同的竞争优势。

（二）八项质量管理原则的作用

八项质量管理原则是国际标准化组织在总结优秀质量管理实践经验的基础上用精练的语言表达的最基本、最通用的质量管理的一般规律。它可以成为企业文化的一个重要组成部分，以指导企业在较长时期内通过关注顾客及其他相关方的需求和期望而达到改进总体业绩的目的。

（1）指导企业采用先进、科学的管理方式。

（2）指出企业获得成功的途径，例如针对所有相关方的需求，实施并保持持续改进其业绩的管理体系。

（3）帮助企业获得持久成功。

（4）以八项质量管理原则为指导思想，构建改进业绩的框架。

（5）指导企业的管理者建立、实施和改进本企业的质量管理体系。

第二节　质量管理计划

质量计划是质量管理体系文件的组成部分。在合同环境下，质量计划是企业向顾客表明质量管理方针、目标及其具体实现的方法、手段和措施的文件，是体现企业对质量责任的承诺和实施的具体步骤。

一、施工质量计划的形式和内容

在建筑施工企业的质量管理体系中，以施工项目为对象的质量计划称为施工质量计划。

（一）施工质量计划的形式

目前，我国除已经建立质量管理体系的施工企业直接采用施工质量计划的形式外，通常还采用在工程项目施工组织设计或施工项目管理实施规划中包含质量计划内容的形式。因此，现行的施工质量计划有三种形式。

（1）工程项目施工质量计划。

（2）工程项目施工组织设计（含施工质量计划）。

（3）施工项目管理实施规划（含施工质量计划）。

施工组织设计或施工项目管理实施规划之所以能发挥施工质量计划的作用，是因为根据建筑生产的技术经济特点，每个工程项目都需要进行施工生产过程的组织与计划，包括施工质量、进度、成本、安全等目标的设定，实现目标的计划和控制措施的安排等。因此，施工质量计划所要求的内容，理所当然地被包含于施工组织设计或项目管理实施规划中，而且能够充分体现施工项目管理目标（质量、工期、成本、安全）的关联性、制约性和整体性，这也和全面质量管理的思想方法一致。

（二）施工质量计划的基本内容

在已经建立质量管理体系的情况下，质量计划的内容必须全面体现和落实企业质量管理体系文件的要求（也可引用质量体系文件中的相关条文），同时，结合本工程的特点，在质量计划中编写专项管理要求。施工质量计划一般应包括如下基本内容。

（1）工程特点及施工条件（合同条件、法规条件和现场条件等）分析。

（2）质量总目标及其分解目标。

（3）质量管理组织机构和职责、人员及资源配置计划。

（4）确定施工工艺与操作方法的技术方案和施工组织方案。

（5）施工材料、设备等物资的质量管理及控制措施。

（6）施工质量检验、检测、试验工作的计划安排及其实施方法与检测标准。

（7）施工质量控制点及其跟踪控制的方式与要求。

（8）质量记录的要求等。

二、施工质量计划的编制与审批

建设工程项目施工任务的组织，无论业主方采用平行发包还是总分包方式，都将涉及多方参与主体的质量责任。也就是说，建筑产品的直接生产过程是在协同方式下进行的，因此，在工程项目质量控制系统中，要按照“谁实施，谁负责”的原则，明确施工质量控制的主体构成及其各自的控制范围。

（一）施工质量计划的编制主体

施工质量计划应由自控主体，即施工承包单位进行编制。在平行发包方式下，各承包单位应分别编制施工质量计划；在总分包模式下，施工总承包单位应编制总承包工程范围内的施工质量计划，各分包单位应编制相应分包范围的施工质量计划，作为施工总承包单位质量计划的深化和组成部分。施工总承包单位有责任对各分包单位施工质量计划的编制进行指导和审核，并承担相应施工质量的连带责任。

（二）施工质量计划涵盖的范围

施工质量计划涵盖的范围，按整个工程项目质量控制的要求，应与建筑安装工程施工任务的实施范围一致，以此保证整个项目建筑安装工程的施工质量总体受控。对具体施工任务承包单位而言，施工质量计划涵盖的范围应能满足其履行工程承包合同中的质量责任的要求。项目的施工质量计划，应在施工程序、控制体系、控制措施、控制方式等方面，形成一个有机的质量计划系统，确保实现项目质量总目标和各分解目标的控制能力。

（三）施工质量计划的审批

施工单位的项目施工质量计划或施工组织设计文件编制后，应按照工程施工管理程序进行审批，包括施工企业内部的审批和项目监理机构的审查。

1. 企业内部的审批

施工单位的项目施工质量计划或施工组织设计的编制与内部审批，应根据企业质量管理程序文件规定的权限和流程进行。其通常由项目经理部主持编制，报企业组织管理层批准。

施工质量计划或施工组织设计文件的内部审批过程，是施工企业自主技术决策和管理决策的过程，也是发挥企业职能部门与施工项目管理团队的智慧和经验的过程。

2. 项目监理机构的审查

实施工程监理的施工项目，按照我国建设工程监理规范的规定，施工承包单位必须填写《施工组织设计（方案）报审表》并附施工组织设计（方案），报送项目监理机构审查。《建设工程监理规范》（GB/T 50319—2013）规定项目监理机构“在工程开工前，总监理工程师应组织专业监理工程师审查承包单位报送的施工组织设计（方案）报审表，提出意见，并经总监理工程师审核、签认后报建设单位”。

3. 审批关系的处理原则

正确执行施工质量计划的审批程序，是正确理解工程质量目标和要求，保证施工部署、技术工艺方案和组织管理措施的合理性、先进性和经济性的重要环节，也是进行事前质量控制的重要方法。因此，在执行审批程序时，必须正确处理施工企业内部审批和监理机构审批的关系，其基本原则如下。

（1）充分发挥质量自控主体和监控主体的共同作用，在坚持项目质量标准和质量控制能力的前提下，正确处理承包人利益和项目利益的关系，施工企业内部的审批首先应从履行工程承包合同的角度出发，审查实现合同质量目标的合理性和可行性，以项目质量计划向发包方提供可信任的依据。

（2）施工质量计划在审批过程中，对监理机构审查所提出的建议、要求等意见是否采纳以及采纳的程度，应由负责质量计划编制的施工单位自主决策，在满足合同和相关法规要求的情况下，确定质量计划的调整、修改和优化，并对相应执行结果承担责任。

（3）按规定程序审查批准的施工质量计划，在实施过程中如因条件变化需要对某些重要决定进行修改，其修改内容仍应按照相应程序经过审批后执行。

第三节　全面质量管理

一、全面质量管理理论概述

（一）全面质量管理的定义

全面质量管理（Total Quality Management，TQM）是一种全面、系统性的质量管理理念和方法，旨在通过全员参与和持续改进来实现组织的全面质量管理，其模型如图 7-1 所示。全面质量管理强调从内部环节到外部环节、从生产到售后服务的全面管理，以客户满意度为核心目标，追求持续改进和全面质量的提升。这一理论起源于 20 世纪 50 年代末，最初在日本得到广泛应用，随后在全球范围内传播开来。全面质量管理强调全员参与，关注企业活动的全过程，旨在提升企业的质量管理水平，实现企业的可持续发展。

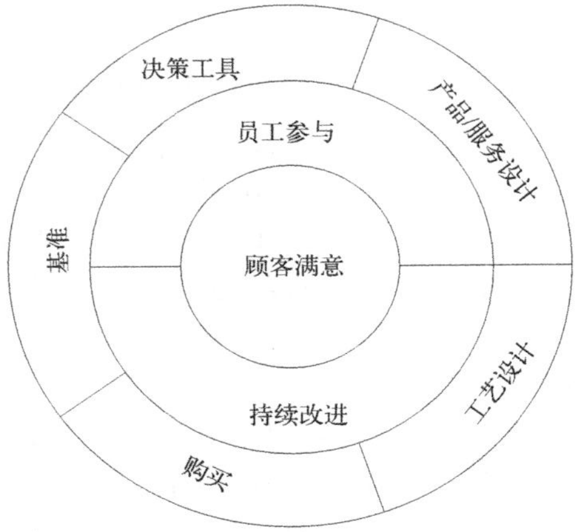

图 7-1　全面质量管理模型图

（二）全面质量管理的原则

全面质量管理强调“三全”原则，即全过程、全员性和全企业的质量管理。全过程性意味着对产品或服务形成的整个过程进行管理，从设计、采购、生产、销售到售后等各个环节都需要严格把控质量。全员性则要求组织内的所有员工，无论身处哪个部门或岗位，都应积极参与质量管理活动，共同为提升质量水平努力。全企业则体现在对企业整体活动的关注，而不仅仅是局限于生产或销售等特定环节。全面质量管理的核心原则包括以顾客为中心、全员参与、持续改进、数据分析、流程管理、系统思维和管理创新等。其中，以顾客为中心是关键，这意味着组织应始终关注并满足顾客的需求和期望。全员参与则强调团队合作和共同责任，鼓励员工积极参与质量管理的各个环节。持续改进则要求组织不断寻求改进的机会，通过优化流程、提高效率等方式不断提升质量水平。

全面质量管理还强调数据驱动和基于事实的决策。通过对数据的收集、分析和利用，组织可以更深入地了解自身的运营状况，找出存在的问题并制定有效的改进措施。这种基于数据和事实的决策方式有助于提高决策的准确性和有效性。

综上所述，全面质量管理是一种全员参与、持续改进和以顾客满意为核心的质量管理方法。它要求组织关注全过程、全员和全面的质量管理，并通过数据分析、流程优化等方式不断提升质量水平。

二、建筑工程质量管理过程中应用 TQM 的必要性

在建筑工程质量管理过程中，全面质量管理（TQM）的必要性主要体现在以下几个方面。

1. 提升整体工程品质

TQM注重项目各环节的系统性控制优化，明确质量标准与目标，确保施工阶段达标，进而提升工程整体品质；全方位关注，减少缺陷，增强结构安全耐久性。如混凝土浇筑、钢筋绑扎等关键工序，严格监控材料配比、施工方法及养护，有效避免操作不当引发的问题。此外，定期检查评估施工现场，及时发现并消除隐患。

2. 提高客户满意度

在现代建筑行业中，客户对项目成果的期望不断提高。TQM助力理解并满足客户需求，通过持续沟通和反馈，让业主全程参与设计、施工及验收。在项目实施过程中，定期向业主汇报进展情况，并邀请其参与重要决策，有助于建立信任关系。同时，根据客户反馈调整方案，以便更好地适应实际使用需求，提高最终交付产品的价值。

3. 降低成本与风险

借助前期周密的风险评估与过程监控机制，TQM能够精准识别潜在问题，并及时采取预防措施，从而有效削减因返工或延误所带来的额外成本负担，如某大型公建项目应用TQM后，质量缺陷率下降72%，工期缩短18d，返工率从4.7%降至1.2%，直接节约成本约230万元。在项目启动之初对可能影响项目进度和预算的各种不确定因素进行深入剖析，能够为团队提供有力的决策依据。在材料采购、人员配置等关键环节进行科学合理的规划，能够显著提升资源利用效率。通过集中采购优质材料，与供应商建立长期合作关系，不仅可以获得价格优惠，还能保证材料的一致性和可靠性，从而避免因劣质材料引发的问题。

三、建筑工程质量管理过程中TQM存在的问题

在建筑工程质量管理过程中，尽管TQM具有诸多优势，但其实施也面临一些问题，主要体现在以下几个方面。

1. 理念认知不足

部分员工可能对TQM的核心思想缺乏清晰的认识，导致在实际操作中无法有效落实相关措施。这种对TQM理念的认知不足，不仅削弱了团队协作的凝聚力，还导致各项工作难以形成协同效应，进而影响了整体效果的发挥。

2. 管理体系不完善

未建立起系统化、规范化的管理体系。在具体实施中，因缺乏明确的流程和标准，部门间的信息沟通与协调受阻。同时，部分企业未建立TQM实施效果的考核机制，致使责任界定模糊，执行力不足。

3. 人员培训不到位

受时间、人力、财力资源所限，一些企业难以提供充足的员工培训。这导致施工人员对新方法、新技术及新标准了解不足，影响项目质量控制。

4. 数据收集与分析能力欠缺

基于大数据技术的决策支持系统（DSS）是TQM的核心要素之一，但许多建

筑公司在数据收集与分析方面存在短板。一方面，部分公司未建立有效的数据监测系统；另一方面，即便拥有数据，也因分析能力不足而无法将其转化为实用信息。

四、建筑工程施工全面质量管理措施

建筑工程施工全面质量管理（TQM）是确保工程质量和安全的重要环节，以下是一些关键的措施。

1. 提升管理人员和施工人员的综合素质

建筑施工企业需通过系统培训和继续教育，提升管理人员和施工人员的综合素质，确保他们胜任各自岗位要求。管理层需具备丰富的项目管理经验和出色的沟通协调能力，施工人员则需全面接受质量、施工技术和安全知识的培训。特殊工种如电工、焊工等还需参加专门的职业技能培训并持证上岗。

2. 强化原材料质量控制

建筑材料的质量管理对工程质量和安全至关重要。采购时应拓宽渠道，通过多种途径获取信息并综合评估供应商，确保选择优质材料。所有进场材料必须附带合格证和质量证明文件，对于特殊材料，还需提供详细的说明和经过验证的试验报告，以确保材料符合工程标准。通过严格的质量控制措施，确保每个环节符合标准。

3. 提升施工质量管理水平

为确保施工质量，施工单位在项目启动前必须进行全面系统的分析与设计。同时，编制详细文件，如质量手册和作业指导书。在施工过程中，需建立严格的交接班检查制度，确保每道工序都经过自检和互检。完工后，采用“三检制”（自检、互检、专检），由持证质检员实施专检并签署质量确认单，在确认合格的基础上，再向监理单位申请正式验收。所有质量检查均应严格依据国家现行的建筑工程质量检验评定标准执行。

4. 建立完善的质量管理体系

构建质量保证体系的核心在于制订科学、合理的质量方针与目标。这些方针与目标必须严格遵循法律法规与行业标准，并紧密结合企业的实际情况及发展战略。质量目标需量化且具体，便于衡量和考核。为了确保质量方针和目标的有效实施，质量管理体系必须具备系统性、协调性、可操作性和可检查性。系统性要求通过 ISO 9001：2015 质量管理体系认证，构建“目标分解-过程监控-绩效评估”闭环；协调性促进部门间协作，避免推诿；可操作性保证标准和流程能落地执行；可检查性要求有明确的评估指标和监督机制，定期检查并调整改进。

5. 施工环境与工序的管理控制

在项目施工过程中，影响工程质量的环境因素多种多样，这些因素主要分为三类：工程技术环境、工程管理环境和劳动环境。为确保工程质量达到既定标准，必须全面审视并严格控制上述各类环境因素。尤其是施工现场的环境管理，通过营造文明施工环境，采取有效的管理和技术手段，才能为项目的顺利实施提供坚实的保障。

第四节　施工质量事故处理

一、建筑工程质量事故处理的任务和特点

（一）建筑工程质量事故处理的主要任务

这里所述的质量事故处理，一般情况下包括以下两方面的内容：一是事故部分或不合格品的处置，如返工重做、返修、加固补强等；二是为防止事故再发生而采取的纠正和预防措施。

事故处理的主要任务有以下七项。

1. 创造正常施工条件

国内外大量统计资料表明，工程质量事故大多数发生在施工期，并且事故往往影响施工的正常进行，只有及时、正确地处理事故，才能创造正常的施工条件。

2. 确保建筑物安全

对结构裂缝、变形等明显的质量缺陷，必须做出正确的分析、鉴定，估计可能出现的发展变化及其危害性，并做适当处理，以确保结构安全。对结构构件中的隐患，如混凝土或砂浆强度不足、构件中漏放钢筋或钢筋严重错位等，都需要从设计、施工等方面进行周密的分析和必要的计算，并采用适当的处理措施，排除这些隐患，保证建筑物安全使用。

3. 满足使用要求

建筑物尺寸、位置、净空、标高等方面的过大误差事故，隔热保温、隔声、防水、防火等建筑功能事故，以及损害建筑物外观的装饰工程事故等，均可能影响生产或使用要求，所以，必须进行适当的处理。

4. 保证建筑物具有一定的耐久性

有些质量事故虽然在短期内不影响使用和安全，但可能降低耐久性。如混凝土构件受拉区有较宽的裂缝，混凝土密实性差，钢构件防锈质量不良等，均可能缩短建筑物的使用年限，也应做适当处理。

5. 防止事故恶化，减少损失

由于不少质量事故随时间和外界条件而变化，须及时采取措施，避免事故不断扩大而造成不应有的损失。例如，持续发展且过大的地基不均匀沉降、混凝土和砌体受压区中宽度不大的裂缝等均应及时处理，防止倒塌而造成人身伤亡事故。

6. 有利于工程交工验收

施工中发生的质量事故，必须在后续工程施工前，对事故原因、危害、是否

处理和怎样处理等问题作出必要的结论，并应使有关方面达成共识，避免在工程竣工验收时发生不必要的争议而延误工程的使用。

7. 防止事故再次发生

为防止同类事故或类似事故再次发生而采取必要的纠正措施和预防措施。针对实际存在的事故原因而采取相应的技术组织措施，称为纠正措施。例如，沉桩设备功率太小，导致沉桩达不到设计要求，应采用更换设备的纠正措施。利用适当的信息来源，调查分析潜在的事故原因，并采取相应的技术组织措施称为预防措施。例如，从钢材市场情况获悉，钢筋不合格品比例不小，相应采取加强原材料采购质量控制等措施，防止不合格材料进场，同样能有效地防止事故的再次发生。因此，采取必要的纠正和预防措施，可以从根本上避免事故再次发生。

（二）建筑工程质量事故处理的主要特点

工程质量事故处理有以下特点。

1. 复杂性

由于使用功能和建筑地区条件不同，建筑物种类繁多，加上施工中各种因素的影响，建筑施工中出现许多复杂的技术问题。如果事故发生在使用阶段，还涉及使用不当等问题。尤其需要注意的是，同一形态的事故，往往其产生的原因、性质与危害程度截然不同。这诸多因素，造成了不少质量事故本身的复杂性。此外，在进行事故处理时，更会由于施工场地狭窄及与完好建筑物间的联系等而产生更大的复杂性，诸如车辆、施工机具难以接近施工点，操作不慎会影响相邻建筑物的结构等。

2. 危险性

除了事故的复杂性给其处理工作带来的危险性外，还应注意以下两方面的危险因素：一是有些事故随时可能诱发建（构）筑物的突然倒塌；二是事故处理过程中也可能造成事故恶化和人员伤亡。

3. 连锁性

建筑物局部出现质量事故，处理时不仅要修复事故部位，而且还应当考虑修复工程对下部结构乃至地基的影响。例如，板的承载能力不足进行加固，往往引起从板、梁、柱到基础的连锁性加固。

4. 选择性

同一事故的处理方法和处理时间可有多种选择。在处理时间方面，一般均应选择及时进行处理，但是并非所有的事故都是处理得越早越好，相反，有些事故因为匆忙处理而不能取得预期的效果，甚至导致重复处理。在处理方法的选择方面，应综合考虑安全、经济、可行、方便、可靠等因素，经过分析比较后，选定最优方案。

5. 技术难度大

通常，修复补强工程比新建工程的技术难度大得多。因此，除了正确分析事故原因，并提出有针对性的措施外，还必须严格控制处理设计、施工准备、操作检查验收以及处理效果检验等项工作的质量。

6. 要有高度责任性

因为事故处理不仅涉及结构安全和建筑功能等方面的技术问题，而且还牵涉单位之间的关系和人员处理，所以事故处理必须十分慎重，对有关人员的政纪或者法律处分更应慎之又慎。

二、建筑工程质量事故处理的方法与验收

（一）建筑工程质量事故处理的方法

事故处理方法应当正确地分析和判断事故发生的原因，通常可以根据事故情况确定以下几种不同性质的处理方法。

1. 返工处理

返工处理即推倒重来，重新施工或更换零部件，自检合格后重新进行检查验收。当工程质量未达到规定的标准和要求，存在着严重质量问题，对结构的使用与安全构成重大影响，且又无法通过修补处理的情况下，可对检验批、分项、分部甚至整个工程进行返工处理。例如，某防洪堤坝填筑压实后，其压实土的干密度未达到规定值，经核算将影响土体的稳定且不满足抗渗能力要求，可挖除不合格土，重新填筑，进行返工处理。又如某公路桥梁工程预应力按规定张拉系数为0.8，实际仅为0.3，属于严重的质量缺陷，也无法修补，只有返工处理。对某些存在严重质量缺陷，且无法采用加固补强等修补处理或修补处理费用比原工程造价更高的工程，应当进行整体拆除，全面返工。

2. 修补处理

修补处理即经过适当的加固补强、修复缺陷，自检合格后重新进行检查验收。这是最常用的一类处理方案，通常当工程的某个检验批、分项或分部的质量虽未达到规定的规范、标准或设计要求，存在一定缺陷，但通过修补或更换器具、设备后还可达到要求的标准，又不影响使用功能和外观要求，在此情况下，可以进行修补处理。属于修补处理的这类具体方案很多，诸如封闭保护、复位纠偏、结构补强、表面处理等。某些事故造成的结构混凝土表面裂缝，可根据其受力情况，仅做表面封闭保护。某些混凝土结构表面的蜂窝、麻面，经调查分析，可进行剔凿、抹灰等表面处理，一般不会影响其使用和外观。对较严重的质量问题，可能影响结构的安全性和使用功能，必须按一定的技术方案进行加固补强处理，这样往往会造成一些永久性缺陷，如改变结构外形尺寸，影响一些次要的使用功能等。

3. 让步处理

让步处理即对质量不合格的施工结果，经监理单位的核验，虽未达到设计的质量标准，却尚不影响结构安全和使用功能，经建设单位同意后可予以验收。例如，某些隐蔽部位结构混凝土表面裂缝，经检查分析，属于表面养护不够的干缩微裂，不影响使用及外观，可让步处理。

4. 降级处理

如对已完工部位，因轴线、标高引测差错而改变设计平面尺寸，且严重超过规范标准规定，若要纠正会造成重大经济损失，经过分析、论证，其偏差不影响生产工艺和正常使用，在外观上也无明显影响，经承发包双方协商一致方可验收。

5. 不做处理

有些轻微的工程质量问题，虽超过了有关规范的规定，已具有质量事故的性质，但可针对具体情况通过有关各方分析讨论，认定可不需专门处理。如面积小、点数多、程度轻的混凝土蜂窝麻面、露筋等在施工规范允许范围内的缺陷，可通过后续工序进行修复。

（二）建筑工程质量事故处理的验收

质量事故的技术处理是否达到了预期目的，消除了工程质量不合格和质量问题，是否仍留有隐患。监理工程师应通过组织检查和必要的鉴定，进行验收并予以最终确认。

1. 检查验收

工程质量事故处理完成后，在施工单位自检合格报验的基础上，按施工质量验收标准及有关规范的规定进行验收，结合监理人员的旁站、巡视和平行检验结果，依据质量事故技术处理方案设计要求，通过实际量测，检查各种资料数据进行验收，并应办理交工验收文件，组织各有关单位会签。

2. 必要的鉴定

为确保工程质量事故的处理效果，凡涉及结构承载力等使用安全与其他重要性能的处理工作，通常需做必要的试验和检验。鉴定工作或质量事故处理施工过程中建筑材料及构配件保证资料严重缺乏，或对检查验收结果，各参与单位有争议时，常见的检验工作有：混凝土钻芯取样，用于检验密实性和裂缝修补效果，或是检测实际强度；结构荷载试验，确定其实际承载力；超声波检测焊接或结构内部质量；池、罐、箱柜工程的渗漏检验等。检测鉴定必须委托政府批准的有资质的法定检测单位进行。

3. 验收结论

对所有质量事故，无论经过技术处理，通过检查鉴定验收，还是不需专门处理的，均应有明确的书面结论。若对后续工程施工有特定要求，或者对建筑物使用有一定限制条件，应在结论中提出。

验收结论通常有以下几种。

(1) 事故已排除，可以继续施工。

(2) 隐患已消除，结构安全有保证。

(3) 经修补处理后，完全能够满足使用要求。

(4) 基本上满足使用要求，但使用时应有附加限制条件，例如限制荷载等。

(5) 对耐久性的结论。

(6) 对建筑物外观影响的结论。

（7）对短期内难以做出结论的，可以提出进一步观测检验意见。

对于处理后符合规定的，监理工程师应予以确认，并应注明责任方主要承担的经济责任。对经处理仍不能满足安全使用要求的分部工程、单位（子单位）工程，应不予验收。

第五节　工程质量检查验收制度

一、建筑安装工程的质量检查

工程质量检查是建筑企业质量管理的重要措施，其目的是掌握质量动态，发现质量隐患，对工程质量实施有效的控制。

（一）工程质量检查的依据

工程质量检查主要依据国家颁发的建筑安装工程施工及验收规范、施工技术操作规程和质量验收统一标准，原材料、半成品、构配件的质量检验标准，设计图纸及有关文件。

（二）工程质量检查的方法

工程质量检查就是对检验项目中的性能进行量测、检查、试验等，并将结果与标准要求进行比较，以确定每项性能是否合格。检查时可采用在监理单位或建设单位监督下，由施工单位有关人员现场取样，并送至具备相应资质的检测单位进行检测的方法。

由于工程技术特性和质量标准各不相同，质量检查方法也有多种，归纳起来有两大类。

1. 直观检查

直观检查是指凭检查人员的感官，借助于简单工具进行实测。通常有“看”“摸”“敲”“照”“靠”“吊”“量”“套”八种方法。

“看”，指通过目测并对照规范和标准检查工程的外观。

“摸”，指通过手感判断工程表面的质量，如抹灰面光洁度等。

“敲”，指用工具敲击工程的某一部位，从声音判断质量情况，如墙面瓷砖是否空鼓。

“照”，指人眼看不到的高度、深度或亮度不足之处，借助照明或测试工具检查。

“靠”，指用工具紧贴被查部位，测量表面平整度。

“吊”，指用线锤等测量工具测量垂直度。

“量”，指用度量工具检查几何尺寸。

“套”，指运用工具对棱角或线角进行检查。

2. 仪器检查

仪器检查是指用一定的测试设备、仪器进行检查。如测试混凝土的抗压强度，钢材的抗拉强度试验，管道容器的水压、气压试验，电气设备的绝缘耐压试验，钢结构焊缝检验等。

二、建设工程质量检验评定与验收

（一）建设工程质量的评定

一个建筑物或构筑物的建成，从施工准备工作开始到交付使用，要经过若干工序、若干工种的配合施工。所以，一个工程质量的优劣，能否通过竣工验收，取决于各个施工工序和各工种的操作质量。为便于控制、检查和鉴定每个施工工序和工种的质量，须将一个单位工程划分为若干分部工程；每个分部工程，又划分为若干个分项工程。以各分项工程的质量来综合鉴定分部工程的质量，以各分部工程的质量来鉴定单位工程的质量。在鉴定的基础上，再与合同要求相对照，以决定能否验收。因此，分项工程是质量管理的基础，是工程质量管理的基本单元，还是鉴定分部工程、单位工程质量等级的基础，也是能否验收的基础。

1. 检验批

检验批虽然是工程验收的最小单元，但它是分项工程乃至整个建筑工程质量验收的基础。检验批是施工过程中条件相同且具有一定数量的材料、构配件或施工安装项目的总称，由于其质量基本均匀一致，因此可以作为检验的基础单位组合在一起，按批验收。

检验批验收时应进行资料检查和实物检验。资料检查主要是检查从原材料进场到检验批验收的各施工工序的操作依据、质量检查情况以及控制质量的各项管理制度等；实物检验应检验主控项目和一般项目。

检验批质量合格应符合下列规定。

（1）主控项目和一般项目的质量经抽样检验合格。主控项目是指建筑工程中对安全、卫生、环境保护和公众利益起决定性作用的检验项目。一般项目是指除主控项目以外的检验项目。

（2）具有完整的施工操作依据和质量检查记录。检验批由监理工程师或建设单位项目技术负责人组织施工单位项目专业质量（技术）负责人等进行验收。

2. 分项工程

分项工程验收是在其所含的检验批验收的基础上进行的，对涉及安全和使用功能的地基基础、主体结构、安装分部工程应进行有关见证取样试验或抽样检验，同时还应进行观感质量验收，由参加验收的各方人员以观察、触摸或简单量测的方式对观感质量综合作出评价，对“差”的检查点应通过返修处理等进行补救。分项工程质量验收合格应符合以下规定。

（1）分项工程所含检验批均应符合合格质量的规定。

（2）分项工程所含检验批的质量验收记录应完整。

分项工程由监理工程师或建设单位项目技术负责人组织施工单位项目专业质

量（技术）负责人等进行验收。

3. 分部工程

分部工程验收是在其所含各分项工程验收合格的基础上进行的，其验收合格应符合下列条件。

（1）分部（子分部）工程所含分项工程的质量均验收合格。

（2）质量控制资料完整。

（3）地基与基础、主体结构和设备安装等分部工程有关安全及功能的检验、抽样检测结果应符合有关规定。

（4）观感质量验收应符合要求。

分部（子分部）工程应由总监理工程师或建设单位项目负责人组织施工单位的项目负责人和项目技术、质量负责人及有关人员进行验收。由于地基基础、主体结构的技术性能要求严格，技术性强，关系到整个工程的安全，故对于这些分部工程的验收，勘察、设计单位的项目负责人也应参加相关分部工程的验收。

4. 单位（子单位）工程

单位工程质量验收是该单位工程质量的竣工验收，在单位（子单位）工程验收时，对涉及安全和使用功能的分部工程应进行资料复查，不仅要检查其完整性（无漏检缺项），而且对分部工程验收时补充进行的见证抽样检验报告也要复核。此外对主要使用功能还须进行抽查，抽查项目是在检查资料的基础上由参加验收的各方人员商定，并用计量、计数的抽样方法确定检查部位。最后还应由参加验收的各方人员共同进行观感质量检查，检查的方法、内容、结论与分部（子分部）工程质量验收相同。单位工程质量验收合格应符合下列规定。

（1）单位（子单位）工程所含分部（子分部）工程的质量均应验收合格。

（2）质量控制资料完整。

（3）单位（子单位）工程所含分部工程有关安全和功能的检验资料完整。

（4）主要功能项目的抽查结果应符合相关专业质量验收规范的规定。

（5）观感质量验收符合要求。竣工验收时，须由参加验收的各方人员共同进行观感质量检查，最后共同确定是否通过验收。

单位工程完成后，施工承包单位首先应依据质量标准、设计图纸等自行组织有关人员进行检查和评定（自检），在自检符合要求的基础上，填写工程竣工报验单和单位工程质量竣工验收记录，并向建设单位提交工程验收报告和完整的质量控制资料，请建设单位组织验收。

（二）建筑工程质量不符合要求时的处理

当建筑工程质量验收不符合验收标准的要求时，可按下列方式处理。

（1）在检验批验收时，其主控项目不能满足验收规范规定或一般项目超过偏差限值的子项不符合检验规定的要求时，对其中的严重缺陷应返工重做，对一般缺陷则通过翻修或更换器具、设备进行处理。通过返工处理的检验批，应重新进行验收。

（2）在检验批中发现试块强度等不满足要求，但经具有资质的法定检测单位检测鉴定能够达到设计要求的，则认为检验批合格，应予以验收。

（3）如检验批经检测鉴定达不到设计要求，但经原设计单位核算认为能够满足结构安全和使用功能要求时，则对该检验批可予以验收。

（4）经返修或加固处理的分项、分部工程，虽然改变了外形尺寸，但仍能满足安全使用要求，可按技术处理方案和协商文件进行验收。通过返修或加固处理仍不能满足安全使用要求的分部工程、单位（子单位）工程，则严禁验收。

更为严重的缺陷或者超过检验批规定的更大范围的缺陷，可能影响结构的安全性和使用功能，若经法定检测单位检测鉴定，确认达不到规范的相应要求，即不能满足最低限度的安全储备和使用功能要求，则必须按照一定的技术方案进行加固处理，使之达到安全使用的基本要求。这样有可能会造成一些永久性的缺陷，为了避免社会财富更大的损失，在不影响安全和使用功能的条件下，可以按照处理技术方案和协商文件进行验收，但责任方应承担经济责任。这种做法符合国际上“让步接受”的惯例。

（三）见证取样和送检

见证取样和送检是指在建设单位或工程监理单位人员的见证下，由施工单位的现场试验人员对工程中涉及结构安全的试块、试件和材料在现场取样，并送至经过省级以上建设行政主管部门资质认可和质量技术监督部门计量认证的质量检测单位进行检测。

见证人员应由建设单位或监理单位具备建筑施工试验知识的专业技术人员担任，并应由建设单位或监理单位书面通知施工单位、检测单位和负责该项工程的质量监督机构。在见证取样和送检时，取样人员应在试样或其包装上做出标识、封志，标识和封志应标明工程名称、取样部位、取样日期、样品名称和样品数量，并由见证人员和取样人员签字。见证人员应填写见证记录，并将其归入施工技术档案。

见证取样的试块、试件和材料送检时，送检单位应填写委托单，委托单应有见证人员和送检人员签字，检测单位在检查委托单及试样上的标识和封志无误后，方可进行检测。

见证取样和送检的比例不得低于相关技术标准中规定的取样数量的30%。

（四）隐蔽工程验收

隐蔽工程是指在施工过程中上一道工序结束后，即被下一道工序所掩盖而无法再进行检查的工程部位。隐蔽工程完工后，施工单位在自检合格的基础上，向监理单位提出报验申请表。监理单位在接到施工单位的报验申请表后，应在24h内派出监理人员到施工现场，采用必要的检查工具对该隐蔽工程进行检查，将检查结果与设计图纸、施工规范和质量标准对照，判断其质量是否符合规定要求，并填写隐蔽工程检查记录。如果质量不符合规定要求，监理人员应以书面形式签发通知单通知施工单位，令其返工处理，返工处理后，再重新进行检查验收。

（五）建筑工程的竣工验收

1. 竣工验收的依据

竣工验收的依据主要有：上级主管部门的有关工程竣工验收的文件和规定；施工承包合同；已批准的设计文件（包括施工图纸、设计说明书、设计变更洽商记录）；各种设备的技术说明书；国家和部门颁布的施工规范、质量标准、验收规范；建筑安装工程统计规定；有关的协作配合协议书。

2. 竣工验收的基本条件

（1）完成建设工程设计和合同约定的各项内容。

（2）有完整的技术档案和施工管理资料。

（3）有工程使用的主要建筑材料、建筑构配件和设备的进场检验报告。

（4）有勘察、设计、施工、工程监理等单位分别签署的质量合格文件。

（5）按设计要求完成，工程质量和使用功能符合规范规定的要求，并按合同规定完成了协议内容。

3. 竣工验收的程序和内容

工程项目的竣工验收应根据项目规模的大小成立验收委员会或验收小组。对于国家批准建设的大中型工程项目，由国家或国家委托有关部门来组织验收，各省、市、自治区、直辖市建委参与验收；对于地方兴建的大中型工程项目，由各省、市、自治区、直辖市主管部门组织验收；对于小型工程项目，由地、市级主管部门或建设单位组织验收。

工程项目的竣工验收工作通常分为三个阶段，即准备阶段、初步验收（预验收）和正式验收。小型工程也可分为两个阶段，即准备阶段和正式验收。

（1）竣工验收的准备工作。在竣工验收准备阶段，监理单位应做好以下工作。

① 施工单位组织人力绘制竣工图纸，整编竣工资料，主要包括地基基础、主体结构、装修和水、暖、电、卫设备安装等施工各阶段的质量检验资料。

② 设计单位提供有关的设计技术资料。

③ 组织人员编制竣工决算，起草竣工验收报告等各种文件和表格。

（2）预验收（竣工初验）。当工程项目达到竣工验收条件后，施工承包单位在自检（自审、自查、自评）合格的基础上，填写工程竣工报验单，并将全部竣工资料报送监理单位，申请竣工验收。

监理单位在接到施工承包单位报送的工程竣工报验单后，应由总监理工程师组织专业监理工程师依据有关法律、法规、工程建设强制性标准、设计文件及施工合同，对竣工资料进行审查，并对工程质量进行全面检查，对检查出的问题督促施工承包单位及时整改。对需要进行功能试验的工程项目，监理工程师应督促施工承包单位及时进行试验，并对试验情况进行现场监督、检查，认真审查试验报告。经监理单位预验收合格后，由总监理工程师签署工程竣工报验单，并向建设单位提出质量评估报告。工程质量评估报告应由总监理工程师和监理单位技术负责人审核并签字。

（3）正式验收。建设单位在接到项目监理单位的质量评估报告和竣工报验单后，经过审查，确认符合竣工验收的条件和标准，即可组织正式验收。

由建设单位组织设计单位、施工单位、监理单位组成验收小组进行竣工验收，并签署验收意见。对必须整改的质量问题，施工单位整改完成后，监理单位应进行复验。对某些剩余工程和缺陷工程，在不影响交付使用的前提下，由四方协商确定施工单位在竣工验收后限定的时间内完成。正式竣工验收完成后，由建设单位和总监理工程师共同签署竣工移交证书。

第六节　建筑工程质量的控制方法

一、建筑工程项目质量控制的基本方法

（一）审核有关技术文件、报告或报表

审核是项目经理对工程质量进行全面管理的重要手段，其具体审核内容包括有关技术资质证明文件、开工报告、施工单位质量保证体系文件、施工方案和施工组织设计及技术措施、有关文件和半成品构配件的质量检验报告、反映工序质量动态的统计资料或控制图表、设计变更和修改图纸及技术措施、有关工程质量事故的处理方案、有关应用“新技术、新工艺、新材料”现场试验报告和鉴定报告、现场签署的有关技术签证和文件等。

（二）现场质量检查

（1）现场质量检查的内容包括：开工前的检查，主要检查是否具备开工条件，开工后是否能够保持连续正常施工，能否保证工程质量；工序交接检查，对于重要的工序或对工程质量有重大影响的工序，应严格执行“三检”制度，即自检、互检、交接检，未经监理工程师（建设单位技术负责人）检查认可，不得进行下道工序施工；隐蔽工程的检查，施工中凡是隐蔽工程必须检查认证后方可进行隐蔽掩盖；停工后复工的检查，因客观因素停工或处理质量事故等停工复工时，经检查认可后方能复工；分项分部工程完工后，应经检查认可，并签署验收记录后，才能进行下一工程项目的施工；成品保护的检查，检查成品有无保护措施以及保护措施是否有效可靠。

（2）现场质量检查的方法有目测法、实测法和试验法等。

① 目测法即凭借感官进行检查，也称观感质量检验，其方法可概括为“看、摸、敲、照”四个字。所谓看，就是根据质量标准要求进行外观检查。

② 实测法就是通过实测数据与施工规范、质量标准的要求及允许偏差值进行对照，以此判断施工质量是否符合要求。其方法可概括为“靠、量、吊、套”四个字。所谓靠，就是用直尺、塞尺检查墙面、地面、路面等的平整度。量，就是指用测量工具和计量仪表等检查断面尺寸、轴线、标高、湿度、温度等的偏差。例如，混凝土坍落度的检测等。吊，就是利用托线板以及线坠吊线检查垂直度。例如，砌体垂直度检查等。套，是以方尺套方，辅以塞尺检查。例如，对阴阳角的方正、门窗洞口及构件的对角线检查等。

③ 试验法是指通过必要的试验手段对质量进行判断的检查方法，主要包括理化试验和无损检测。

理化试验：工程中常用的理化试验包括物理力学性能方面的检验和化学成分及其含量的测定两个方面。

无损检测：利用专门的仪器仪表从表面探测结构物、材料、设备的内部缺陷或损伤情况。常用的无损检测方法有超声波探伤、X 射线探伤、γ 射线探伤等。

二、建筑工程项目质量控制的数理统计方法

建筑工程质量控制中应用数理统计方法可以科学地掌握质量状态，分析存在的质量问题，了解影响质量的各种因素，达到提高工程质量和经济效益的目的。建筑工程上常用的统计方法有排列图法、因果分析图法、直方图法、控制图法、相关图法、散点图法、统计调查表法和分层法等。

1. 排列图法

排列图法又称主次因素排列图法或帕累托图法。其作用是寻找主要质量问题或影响质量的主要原因，以便抓住提高质量的关键，取得好的效果。

排列图由两个纵坐标、一个横坐标、几个长方形和一条曲线组成。左侧的纵坐标表示频数或件数，右侧的纵坐标表示累计频率，横轴则表示项目（或影响因素），按项目频数大小顺序在横轴上自左而右画长方形，其高度为频数，并根据右侧纵坐标画出累计频率曲线，又称帕累托曲线。根据累计频率把影响因素分成三类：A 类因素，对应于累计频率 0～80%，是影响产品质量的主要因素；B 类因素，对应于累计频率 80%～90%，为次要因素；C 类因素，对应于累计频率 90%～100%，为一般因素。运用排列图便于找出主次矛盾，有利于采取措施加以改进。

2. 因果分析图法

因果分析图又称特性要因图，因其形状像树枝或鱼骨，故又称鱼骨图、鱼刺图、树枝图。

因果分析图法是分析质量问题产生原因的有效工具。通过排列图找到影响质量的主要问题（或主要因素），但找到问题不是质量控制的最终目的，最终目的是搞清产生质量问题的各种原因，以便采取措施加以纠正。因果分析图的画法是将要分析的问题放在图形的右侧，用一条带箭头的线指向要解决的质量问题，一般可以从人、机械设备、材料、工艺、环境五个方面进行分析，这就是所谓的大原因。对具体问题来说，这五个方面的原因不一定同时存在，要找到解决问题的方法，还需要对上述五个方面进一步分解，这就是中原因、小原因或更小原因。它们之间的关系也用带箭头的线表示。找出影响质量的因素以后，有效列出对策，并落实到解决问题的人和时间，限期改正。

3. 直方图法

直方图法即频数分布直方图法，它是将收集到的质量数据进行分组整理，绘制成频数分布直方图，用以描述质量分布状态的一种分析方法，所以又称质量分布图法。通过直方图的观察与分析，可以清楚地显示统计数据的分布特征，即数据分布的集中或离散状况，从而掌握质量能力状态，并且可以观察分析生产过程质量是否处于正常、稳定和受控状态以及质量水平是否保持在公差允许的范围内。

正常直方图呈正态分布，其形状呈中间高、两边低、对称分布。正常直方图反映生产过程质量处于正常、稳定状态。数理统计研究证明，当随机抽样方案合理且样本数量足够大时，在生产能力处于正常、稳定状态时，质量特性检测数据趋于正态分布。

4. 控制图法

控制图又叫管理图，是能够反映施工过程中质量波动状态的一种图形。

在控制图中，横坐标为样本（子样）序号或抽样时间，纵坐标为被控制对象，即被控制的质量特性值。控制图上有三条线：上面的一条虚线称为上控制界限，用符号 *UCL* 表示；下面的一条虚线称为下控制界限，用符号 *LCL* 表示；中间的一条实线称为中心线，用符号 *CL* 表示。中心线标志着质量特性值分布的中心位置，上、下控制界限标志着质量特性值允许的波动范围。控制图示意见图 7-2。

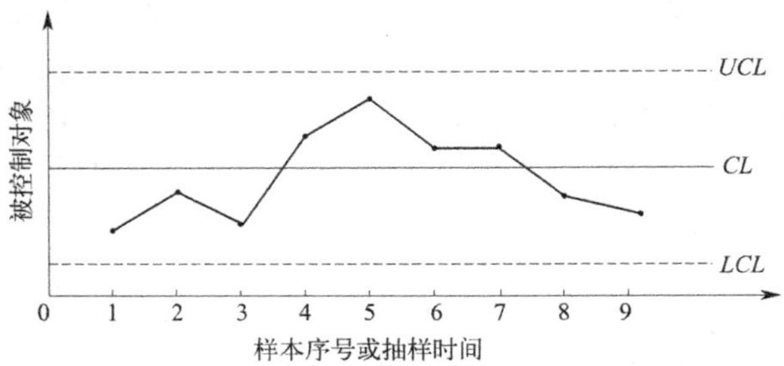

图 7-2 控制图示意

5. 相关图法

相关图又叫散布图，相关图法不同于前述各种方法之处在于，它不是对一种数据进行处理和分析，而是对两种测定数据之间的相关关系进行处理、分析和判断。它也是分析变量间关系的有效方法。在工程施工中，工程质量的相关关系有三种类型：第一种是质量特性与影响因素之间的关系，例如混凝土强度与温度的关系；第二种是质量特性与质量特性之间的关系；第三种是影响因素与影响因素之间的关系。通过对相关关系的分析、判断，人们可以掌握对质量目标进行控制的信息。

分析质量结果与产生原因之间的相关关系，有时从数据上比较容易看清，但有时从数据上很难看清，这时也必须借助相关图进行相关分析。

6. 散点图法

散点图是把两个变量之间的相关关系用直角坐标系表示的图形。

散点图法是将影响质量特性因素的各对数据，用点的形式绘制在直角坐标图上，以观察判断两个质量特性值之间的关系，从而对产品或工序进行有效的控制。

7. 统计调查表法

统计调查表又称检查表、核对表、统计分析表，可利用它来记录、收集和累计数据并对数据进行整理和粗略分析。

8. 分层法

分层法又称分类法或分组法，就是将收集到的质量数据，按统计分析的需要进行分类整理，使之系统化，以便找到产生质量问题的原因，并及时采取措施加以纠正。

分层的结果使数据各层间的差异被突出地显示出来，减小了层内数据的差异。在此基础上再进行层间、层内的比较分析，可以更深入地发现和认识质量问题的原因。

第八章 建筑工程施工成本管理

第一节 施工项目成本管理的特点、任务和措施

一、建筑工程成本管理体系的概念与特点

建筑工程成本管理体系是以组织机构为框架，以资源为基础，通过制定合理的程序和过程达到一定目的的一系列组织活动的总称。科学、合理的成本管理体系不仅是企业生产、经营活动顺利进行的保证，也是达到企业各项生产、经营指标的基础，因此，建立相应的成本管理体系是企业经营管理活动的重要内容。

完善的建筑工程成本管理体系的特征如下。

1. 完整的组织机构

建筑工程成本管理体系必须有完整的组织机构，以保证成本管理活动的有效运行。应当根据工程项目不同的特性，因地制宜地建立建筑工程成本管理体系的组织机构。组织机构的设计应包括管理层次、机构设置、职责范围、隶属关系、相互关系及工作接口等。

2. 明确的成本目标和岗位职责

建筑工程成本管理体系对企业各部门和施工项目的各管理岗位制定明确的成本目标和岗位职责，使企业各部门和全体职工明确自己为降低施工项目成本应尽的职责以及应达到的目标。岗位职责和目标可以包含在实施细则和工作手册中，岗位职责一定要考虑全面、分工明确，防止出现管理盲区和接合部的推诿和扯皮。

3. 明晰的运行程序

建筑工程成本管理体系必须有明晰的运行程序，内容包括成本管理办法、实施细则、工作手册、管理流程、信息载体及传递方式等。运行程序以成本管理文件的形式表达，表述控制施工成本的方法、过程，使之制度化、规范化，用以指导施工企业成本管理工作的开展。程序设计要简洁、明晰，确保流程的连续性、程序的可操作性。信息载体和传输应尽可能采用现代化手段，利用计算机技术及计算机网络，提高运行程序的先进性。

4. 规范的施工项目成本核算

建筑工程成本核算是指在成本计划范围内，以货币为计量单位，以施工项目成本直接耗费为对象，在区分收支类别和岗位成本责任的基础上，利用一定的方法，正确组织施工项目成本核算，全面反映施工项目成本耗费的核算过程。它是施工项目成本管理的重要组成部分，也是对施工项目成本管理水平的全面反映，因而规范的施工项目成本核算十分重要。

5. 严格的考核

建筑工程成本管理体系应包括严格的考核制度，考核包括施工项目成本考核和成本管理体系及其运行质量考核。建筑工程成本管理是对施工项目成本全过程的实时控制，因此，考核也是全过程的实时考核，绝非工程项目施工完成后的最终考核。当然，工程项目施工完成后的施工成本的最终考核也是必不可少的，一般通过财务报告反映，但彼时已盖棺论定，为时晚矣，要以全过程的实时考核确保最终考核通过。考核制度应包含在成本管理文件内。

二、建筑工程成本管理的任务

建筑工程成本管理的任务应根据社会主义企业经营管理的要求来确定，并受建筑工程成本管理内容的制约。明确成本管理的任务，对于做好成本管理工作，充分发挥成本管理的作用，具有十分重要的意义。

建筑工程成本管理的基本任务有以下几个方面。

（1）贯彻国家的方针、政策和成本管理制度。国家的方针、政策是工程项目管理的准则。在建筑工程成本管理中，项目管理部门和项目经理部应当根据国家的方针、政策和成本管理制度，认真做好成本预测和成本计划工作。严格遵守国家规定的成本开支范围和费用开支标准，贯彻执行国家规定的预算定额和相关规定。

对于成本开支范围，项目经理部应做到：凡属于成本开支范围的费用，都要如实地计入工程成本；凡不属于成本开支范围的费用，均不应计入或变相计入工程成本。

对于各项费用的开支，项目经理部必须执行费用开支标准。国家根据增产节约、勤俭办企业的方针，规定了包括办公费、差旅费在内的一些费用的开支标准，企业必须严格执行，不得任意提高标准。

此外，对于工程成本的升降，还要定期进行分析、研究，着重从贯彻国家方针、政策方面查找原因。这样，就可以促使企业把贯彻国家方针、政策的任务贯穿于成本管理的全过程。

（2）做好成本预测和计划，加强成本控制。随着我国经济体制改革的不断深化，建筑业现代化施工的迅猛发展，招标承包制的大力推行以及项目经理承包经营责任制的全面实施，对建筑工程成本管理工作的要求也进一步提高，只靠事后的核算和分析已远远不能满足施工管理的需要。必须将建筑工程成本管理的重点转移到加强成本预测、事前控制以及对生产费用的日常管理和监督上来。工程项目单位在正式编制成本计划之前，要认真做好成本预测工作，挖掘内部潜力，采取有效措施，制定最优成本方案，对成本开支进行预控。在施工过程中，要严格执行成本计划及降低成本的技术组织措施，节约施工耗费，降低工程成本。如果无法控制工程项目的实际开支，成本预测和成本计划做得再好、再完善，也不能发挥应有的作用，成本分析与成本考核也成了“马后炮”，作用不大。因此，成本控制是建筑工程成本管理的关键，只有抓好成本控制这一主要环节，才能充分发挥成本管理的事前控制、事后管理等环节的作用。

(3) 正确、完整、及时地核算工程成本。工程成本是企业经营管理好坏的集中反映，是项目经理部生存和发展的必要条件。对工程成本的核算，一定要做到正确、完整、及时。正确，就是要采取科学的费用分配标准和成本计算方法，及时归集和分配施工费用，正确计算出各项工程的实际成本；完整，就是应计入当期成本或竣工项目的工程成本的各项费用应当全部计入，不得遗漏或随意乱计；及时，就是要在规定期限内或工程竣工时及时计算出已完工程成本或竣工项目成本。

正确、完整、及时地核算工程成本必须相互结合，不可偏废。及时，是要建立在正确、完整的基础上，而正确、完整，又要通过及时才能起作用。如果成本核算不正确、不完整，提供的成本信息就不能如实地反映工程成本的实际水平；成本核算不及时，就不能为经济管理及时提供信息。只有正确、完整、及时地核算工程成本，才能为工程成本管理提供可靠的依据。

(4) 认真做好成本分析与考核工作，促进降低工程成本任务的完成。降低建筑工程成本，是建筑企业和项目经理部成本管理的中心任务。企业应定期检查工程成本计划的完成情况，而项目经理部则应随时关注成本的升降情况，查明成本升降的具体原因，进一步挖掘企业内部降低成本的潜力，寻求降低成本的途径和方法。为了有效地促使企业不断降低工程成本，必须建立健全科学的成本考核制度和方法，以便调动广大职工的积极性，保证工程质量，缩短工期，降低工程成本。

三、建筑工程成本管理的措施

建筑工程成本管理的最终目的在于降低项目成本，提高经济效益。在竞争日益激烈的建筑市场中，建筑企业应更加重视建筑工程项目的成本管理。按照责任明确的要求，建筑工程成本管理应当以能否对成本费用进行控制为依据，对各层级分别采取措施，概括起来包括组织措施、技术措施、经济措施和管理措施。

（一）组织措施

完善高效的组织是建筑工程成本管理的保障，可以最大限度地发挥各级管理人员的积极性和创造性，因此，必须建立完善的、科学的、分工合理的、责权利明确的组织机构和以项目经理为中心的成本控制体系。

企业应建立和完善以项目管理层作为成本控制中心的职能和机制。成立以项目经理为第一责任人的成本管理领导小组，由工程技术、物资管理、试验测量、质量管理、合同管理、财务等相关部门领导组成，主要负责项目经理部的成本管理、指导和考核，进行项目经济活动分析，制定成本目标及其实现的途径与对策，同时制定成本控制管理办法及奖惩办法等。

在项目部建立一个以项目经理为中心的成本控制量化责任体系，在这个体系中对内部各岗位和作业层进行成本目标分解，明确各管理人员和作业层的成本责任、权限及相互关系。实施有效的激励措施和惩戒措施，通过责权利相结合，使责任人积极有效地承担成本控制的责任和风险。

（二）技术措施

采取技术措施是在施工阶段充分发挥技术人员的主观能动性，对标书中主要技术方案做必要的技术经济论证，以寻求较为经济可靠的方案，从而降低工程成本，包括采用新材料、新技术、新工艺，节约能耗，提高机械化操作水平等。

1. 进行经济合理的施工组织设计

经济合理的施工组织设计是编制施工预算文件、进行成本控制的依据，保证在工程的实施过程中能以最少的消耗取得最大的效益。施工组织设计要根据工程的建筑特点和施工条件等，考虑工期与成本的辩证统一关系，正确选择施工方案，合理布置施工现场；采用先进的施工方法和施工工艺，不断提高工业化、现代化水平；注意竣工收尾，加快工程进度，缩短工期。在工程中要随时收集实际发生的成本数据和施工形象进度，掌握市场信息，及时提出改进施工或变更施工组织设计的建议，按照施工组织设计进度计划安排施工，克服和避免盲目突击赶工现象，消除赶工造成工程成本激增的情况。

2. 加强技术质量管理

主要是研究推广新产品、新技术、新结构、新材料、新机器及其他技术革新措施，制定并贯彻降低成本的技术组织措施，提高经济效果，加强施工过程的技术质量检验制度，提高工程质量，贯彻“至精、至诚、更优、更新”的质量方针，避免返工损失。

（三）经济措施

1. 材料费的控制

材料费一般占工程全部费用的65%～75%，直接影响工程成本和经济效益，主要应通过做好材料用量和材料价格控制两方面的工作来严格控制材料费。在材料用量方面：坚持按定额实行限额领料制度；避免二次搬运等。在材料价格方面：在保质保量的前提下，择优购料；降低运输成本；减少资金占用；降低存货成本。

2. 人工费的控制

人工费一般占工程全部费用的10%左右，所占比例较大，所以要严格控制人工费，加强定额用工管理。主要是改善劳动组织，合理使用劳动力，提高工作效率；执行劳动定额，实行合理的工资和奖励制度；加强技术教育和培训工作；压缩非生产用工和辅助用工，严格控制非生产人员比例。

3. 施工机具使用费的控制

根据工程的需要，正确选配和合理利用机械设备，做好机械设备的保养和修理工作，避免不当使用造成机械设备的闲置，从而加快施工进度、降低机械使用费。同时还可以考虑通过设备租赁等方式来降低机械使用费。

4. 其他费用控制

主要是精简管理机构，合理确定管理幅度与管理层次，实行定额管理，制定费用分项分部门的定额指标，有计划地控制各项费用开支，对各项费用建立相应的审批制度。

（四）管理措施

(1) 积极采用降低成本的管理新技术，如系统工程、工业工程、全面质量管理、价值工程等，其中价值工程是寻求降低成本途径的行之有效的管理方法。

(2) 加强合同管理和索赔管理。合同管理和索赔管理是降低工程成本、提高经济效益的有效途径。项目管理人员应保证施工过程严格按照项目合同执行，收集保存施工中与合同有关的资料，必要时可根据合同及相关资料提出索赔，确保施工过程中尽量减少不必要的费用支出和损失，从法律上保护自己的合法权益。

建筑工程成本管理是项目管理的核心内容，同时也是衡量项目管理绩效的客观标尺。因此，在当前竞争日益激烈的情况下，必须树立强烈的成本管理意识，加强建筑工程的成本管理。

第二节　施工项目成本预测

一、项目成本预测的概念

成本预测，就是依据成本的历史资料和有关信息，在认真分析当前各种技术经济条件、外界环境变化及可能采取的管理措施的基础上，对未来的成本与费用及其发展趋势所作的定量描述和逻辑推断。

项目成本预测是通过成本信息和工程项目的具体情况，对未来的成本水平及其发展趋势作出科学的估计，其实质就是工程项目在施工前对成本进行预估。通过成本预测，项目经理部在满足业主和企业要求的前提下，确定工程项目降低成本的目标，克服盲目性、提高预见性，为工程项目降低成本提供决策与计划的依据。

二、项目成本预测的意义

1. 成本预测是投标决策的依据

建筑施工企业在选择投标项目过程中，往往需要根据项目是否盈利、利润大小等因素确定是否对工程投标。

2. 成本预测是编制成本计划的基础

计划是管理的第一步。正确可靠的成本计划必须遵循客观经济规律，从实际出发，对成本做出科学的预测。这样才能保证成本计划不脱离实际，切实起到控制成本的作用。

3. 成本预测是成本管理的重要环节

推算其成本水平变化的趋势及其规律性，预测实际成本。成本预测是预测和分析的结合，更是事后反馈与事前控制的结合。通过成本预测发现问题，找出薄弱环节，才能有效控制成本。

三、项目成本预测程序

科学、准确的预测必须遵循合理的预测程序。

1. 制定预测计划

制订预测计划是预测工作顺利进行的保证。预测计划的内容主要包括组织领导及工作布置、配合的部门、时间进度、搜集材料的范围等。

2. 搜集整理预测资料

根据预测计划，搜集预测资料是进行预测的重要条件。预测资料一般包括纵向和横向两方面的数据。纵向资料是指企业成本费用的历史数据，据此分析其发展趋势；横向资料是指同类工程项目、同类施工企业的成本资料，据此分析所预测项目与同类项目的差异，并作出估计。

3. 选择预测方法

成本的预测方法可以分为定性预测法和定量预测法。

（1）定性预测法是根据经验和专业知识进行判断的一种预测方法。常用的定性预测法有管理人员判断法、专业人员意见法、专家意见法及市场调查法等。

（2）定量预测法是利用历史成本资料以及成本与影响因素之间的数量关系，通过一定的数学模型来预测、计算未来成本的可能结果。

4. 成本初步预测

根据定性预测方法及一些横向成本数据的定量预测，对成本进行初步估计。这一步的结果往往比较粗糙，需要结合现行成本水平进行修正，才能保证预测结果的质量。

5. 影响成本水平的因素预测

影响成本水平的因素主要有物价变化、劳动生产率、物料消耗指标、项目管理费开支、企业管理层次等。可根据近期工程实施情况、本企业及分包企业情况、市场行情等，推测未来哪些因素会对成本费用水平产生影响及其结果如何。

6. 成本预测

根据初步的成本预测以及对成本水平变化因素的分析结果，确定成本情况。

7. 分析预测

误差成本预测往往与实施过程中及之后的实际成本有出入，从而产生预测误差。预测误差的大小反映预测准确程度的高低。如果误差较大，应分析产生误差的原因，并积累经验。

四、项目成本预测方法

1．定性预测方法

成本的定性预测是指成本管理人员根据专业知识和实践经验，通过调查研究，利用已有资料，对成本的发展趋势及可能达到的水平所做的分析和推断。由于定性预测主要依靠管理人员的素质和判断能力，因而这种方法必须建立在对项目成本耗费的历史资料、现状及影响因素有深刻了解的基础之上。

定性预测偏重对市场行情发展方向和施工中各种影响项目成本因素的分析，运用专家经验并发挥主观能动性，比较灵活，可以较快地提出预测结果。但进行定性预测时，也要尽可能地搜集数据，运用数学方法，其结果通常也是从数量上测算。这种方法简便易行，在资料不多、难以进行定量预测时最为适用。

在项目成本预测的过程中，经常采用的定性预测方法主要有经验评判法、专家会议法、德尔菲法和主观概率法等。

2．定量预测方法

定量预测方法也称统计预测方法，是根据已掌握的比较完备的历史统计数据，运用一定的数学方法进行科学的加工整理，借以揭示有关变量之间的规律性联系，从而推断未来发展变化情况。

定量预测偏重数量方面的分析，重视预测对象的变化程度，能将变化程度在数量上准确地描述出来；它需要积累和掌握历史统计数据、客观的实际资料作为预测的依据，运用数学方法进行处理分析，受主观因素影响较小。

定量预测的主要方法有算术平均法、回归分析法、高低点法、量本利分析法和因素分析法。

第三节　施工项目成本计划

一、施工项目成本计划的作用

施工项目成本计划是以货币形式预先规定施工项目施工生产耗费的目标总水平。通过施工过程中实际成本的发生与计划对比，可以确定目标的完成情况，并按成本管理层次、相关成本项目以及项目进展的各个阶段对目标成本加以分解，以便于各级成本控制的实施。

施工项目成本计划是施工项目管理的一个重要环节，是施工项目实际成本支出的指导性文件。

首先，施工项目成本计划是对生产耗费进行控制、分析和考核的重要依据。成本计划既体现了社会主义市场经济体制下对成本核算单位降低成本的客观要求，也反映了成本核算单位降低成本的目标。成本计划可作为对生产耗费进行事前预计、事中检查控制和事后考核评价的重要依据。许多施工单位仅单纯重视项目成本管理的事中控制及事后考核，却忽视甚至省略了至关重要的事前计划，使得成本管理从一开始就缺乏目标，无法考核控制、对比，产生很大盲目性。施工项目目标成本一经确定，就要层层落实到部门、班组，并应经常将实际生产耗费与成本计划进行对比分析，揭露执行过程中存在的问题，及时采取措施，改进和完善成本管理工作，以保证施工项目的目标成本指标得以实现。

其次，成本计划与其他各方面的计划有着密切的联系，是编制其他有关生产经营计划的基础。每一个施工项目都有自己的项目目标，这是一个完整的体系。在这个体系中，成本计划与其他各方面的计划有密切的联系。它们既相互独立，又相互依存、相互制约。如编制项目流动资金计划、企业利润计划等都需要目标成本编制所需的资料。同时，成本计划是综合平衡项目生产经营活动的重要保证。

最后，可以动员全体职工深入开展增产节约、降低工程成本的活动。为了保证成本计划的实现，企业必须加强成本管理责任制，把目标成本的各项指标进行分解，落实到各部门、班组乃至个人，实行归口管理，并做到责、权、利相结合，增产节约、降低工程成本。

二、施工项目成本计划的预测

（一）施工投标阶段的成本估算

投标报价是施工企业采取投标方式承揽施工项目时，以发包人招标文件中的合同条件、技术规范、设计图纸与工程量表、工程的性质和范围、价格条件说明和投标须知等为基础。再结合调研和现场考察所得的情况，根据企业自己的定额、市场价格信息和有关规定，计算和确定承包该项工程的报价。

施工投标报价的基础是成本估算。企业首先应依据反映本企业技术水平和管理水平的企业定额，计算确定完成拟投标工程所需支出的全部生产费用，即估算该施工项目施工生产的直接成本和间接成本，包括人工费、材料费、机械使用费、现场管理费等。

（二）项目经理部的责任目标成本

在实施项目管理之前，首先由企业与项目经理协商，将合同预算的全部工程造价收入分为现场施工费用（制造成本）和企业管理费用两部分。其中，以现场施工费用核定的总额作为项目成本核算的界定范围和确定项目经理部责任成本目标的依据。

将正常情况下的制造成本确定为项目经理的可控成本，形成项目经理的责任目标成本。由于按制造成本法计算出来的施工项目成本，实际上是项目的施工现场成本，反映了项目经理部的成本管理水平，这样，用制造成本法既便于对项目经理部成本管理责任的考核，也为项目经理部节约开支、降低消耗提供可靠的基础。

责任目标成本是企业对项目经理部提出的指令成本目标，是以施工图预算为依据，也是对项目经理进行施工项目管理规划、优化施工方案、制定降低成本对策和管理措施提出的要求。

（三）项目经理部的计划目标成本

项目经理部在接受企业法定代表人委托之后，应通过组织编制项目管理实施规划来寻求降低成本的途径，组织编制施工预算，确定项目的计划目标成本。

施工预算是项目经理部根据企业下达的责任成本目标，在编制详细的施工项目管理规划过程中不断优化施工技术方案和合理配置生产要素的基础上，通过工料消耗分析和制定节约成本的措施之后确定的计划成本，也称现场目标成本。一般情况下，施工预算总额应控制在责任成本目标范围内，并留有一定余地。在特殊情况下，若项目经理部经过反复挖潜，仍不能把施工预算总额控制在责任成本目标范围内，则应与企业进一步协商修正责任成本目标或共同探索进一步降低成本的措施，以使施工预算建立在切实可行的基础上。

（四）计划目标成本的分解与责任体系的建立

目标责任成本总的控制过程为：划分责任→确定成本费用的可控范围→编制责任成本预算→进行内部验工计价→责任成本核算→责任成本分析→成本考核（即信息反馈）。

1. 划分责任

确定责任成本单位，明确责、权、利和经济效益考核方式。施工企业的责任成本控制应以工人、班组的制造成本为基础，以项目经理部为基本责任主体。要根据职能明确、责任单一的原则，合理划分所要控制的成本范围，赋予项目经理部相应的责、权、利，实行责任成本一次性包干。公司既是本级责任中心，又是项目经理部责任成本的汇总和管理部门。形成三级责任中心，即班组责任中心、项目经理部责任中心、公司责任中心。这三级责任中心的核算范围为该级所控制的各项工程的成本、费用及其差异。

2. 确定成本费用的可控范围

要按照责任单位的职权范围大小，确定可以衡量的责任目标和考核范围，形成各级责任成本中心。

班组主要控制制造成本，即工费、料费、机械费三项费用。

项目经理部主要控制责任成本，即工费、料费、机械费、其他直接费、间接费等五项费用。公司主要控制目标责任成本，即工费、料费、机械费、公司管理费、公司其他间接费、公司不可控成本、上交公司费用等。

3. 编制责任成本预算

根据以上两条编制责任成本预算。注意责任成本预算中既要有人工、材料、机械台班等数量指标，也要有按照人工、材料、机械台班等固定价格计算的价值指标，以便于基层具体操作。

4. 内部验工计价

验工即为工程队当月已完目标工程数量的确认，计价是根据验工数量核算项目经理部当月的制造成本。各项目经理部把当月验工资料以报表的形式上报，供公司审批。计价细分为大小临时工程计价、桥隧路工程计价（其中又分为班组计价、劳务工计价）、大堆料计价、运杂费计价、机械队机械费计价、公司材料费计价。其中机械队机械费、公司材料费一般采取转账方式。细分计价方式比较有利于成本核算和实际成本费用的归集。

5. 责任成本核算

通过成本核算，可以反映施工耗费和计算工程实际成本，为企业管理提供信息。通过对各项支出的严格控制，力求以最少的施工耗费取得最大的施工成果，并以此计算所属施工单位的经济效益，为分析考核、预测和计划工程成本提供科学依据。核算体系分班组、项目经理部、公司三级，主要核算人工费、材料费、机械使用费、其他直接费和施工管理费五个责任成本项目。

6. 责任成本分析

成本分析主要是利用成本核算资料及其他相关资料，全面分析了解成本变动情况，系统研究影响成本升降的各种因素及其形成的原因，挖掘降低成本的潜力，正确认识和掌握成本变动的规律。通过成本分析，可以对成本计划的执行过程进行有效的控制，及时发现和制止各种损失和浪费，为预测成本、编制下期成本计划和经营决策提供重要依据。分析的方法有四种：比较分析法、比率分析法、因素分析法、差额分析法。所采取的主要方式是项目经理部相关部门与公司指挥部相关部门每月共同审核分析，再据此进行季度、年度成本分析。

7. 成本考核

每月要对工程预算成本、计划成本及相关指标的完成情况进行考核、评比。其目的在于充分调动职工的自觉性和主动性，挖掘内部潜力，达到以最少的耗费取得最大的经济效益的目的。成本考核的方法有四个方面：第一，对降低成本任务的考核，主要是对成本降低率的考核；第二，对项目经理部的考核，主要是对成本计划的完成情况进行考核；第三，对班组成本的考核，主要是考核材料、机械、工时等消耗定额的完成情况；第四，对施工管理费的考核，公司与项目经理部分别考核。

第四节　施工项目成本控制

工程项目成本控制就是要在保证工期和质量符合要求的情况下，采取相关管理措施，包括组织措施、经济措施、技术措施、合同措施，把成本控制在计划范围内，并进一步最大限度地节约成本。工程项目成本控制包括设计阶段成本控制和施工阶段成本控制。项目成本能否降低，有无经济效益，成败在此一举，有很大的风险。为了确保项目不亏乃至必盈，成本控制不仅必要，而且必须做好。

工程项目的成本控制通常是指在项目成本的形成过程中，对生产经营所消耗的人力资源、物资资源和费用开支进行指导、监督、调节和限制，及时预防将要发生的偏差和纠正已经发生的偏差，将各项生产费用控制在计划成本的范围之内，以保证成本目标的实现。施工项目成本控制的目的是降低项目成本，提高经济效益。

一、工程项目成本控制的依据

（一）工程承包合同

工程项目成本控制要以工程承包合同为依据，围绕降低工程成本这个目标，从预算收入和实际成本两方面，努力挖掘增收节支潜力，以获得最大的经济效益。

（二）施工成本计划

施工成本计划是根据施工项目的具体情况制定的施工成本控制方案，既包括预定的具体成本控制目标，又包括实现成本控制目标的措施和规划，以获得最大的经济效益。

（三）进度报告

进度报告提供了每一时刻工程实际完成量、工程施工成本实际发生情况等重要信息，施工成本控制工作正是通过将实际情况与施工成本计划相比较，找出两者之间的差距，分析产生偏差的原因，从而采取措施改进以后的工作。

（四）工程变更

工程变更一般包括设计变更、进度计划变更、施工条件变更、技术规范与标准变更、施工次序变更、工程数量变更等，一旦出现变更，工程量、工期、成本必将发生变化，从而使施工成本控制工作变得更加复杂和困难。

另外，各种资源的市场信息、相关法律法规及合同文本等也都是成本控制的依据。

二、工程项目成本控制的原则

（一）开源与节流相结合的原则

该原则要求做到：每发生一笔金额较大的成本费用，都要查一查有无与其相对应的预算收入，是否支出大于收入；在经常性的分部分项工程成本核算和月度成本核算中，也要进行实际成本与预算收入的对比分析，以便从中探索成本节超的原因，纠正项目成本的不利偏差，提高项目成本的利用效率。

（二）全面控制原则

1. 项目成本的全员控制

项目成本是一项综合性很强的指标，涉及项目组织中各个部门、单位和班组的工作业绩，与每个职工的切身利益有关。因此，项目成本的高低需要大家关心，施工项目成本控制（管理）也需要项目建设者群策群力，仅靠项目经理和专业成本管理人员及少数人的努力是无法收到预期效果的。项目成本的全员控制并不是抽象的概念，而应该有一个系统的实质性内容，其中包括各部门、各单位的责任网络和班组经济核算等，防止出现成本控制人人有责又人人不管的情况。

2. 项目成本的全过程控制

项目成本的全过程控制是指在工程项目确定以后，自施工准备开始，经过工程施工，到竣工交付使用后的保修期结束，其中每一项经济业务，都要纳入成本控制的轨道。也就是成本控制工作要随着项目施工进展的各个阶段连续进行，既不能疏漏，又不能时紧时松，使施工项目成本自始至终处于有效的控制之下。

（三）中间控制原则

中间控制原则又称动态控制原则，对于具有一次性特点的施工项目成本来说，应该特别强调项目成本的过程控制。因为施工准备阶段的成本控制，只是根据上级要求和施工组织设计的具体内容确定成本目标、编制成本计划、制订成本控制的方案，为今后的成本控制做好准备；而竣工阶段的成本控制，由于成本盈亏已经基本定局，即使发生了偏差，也已来不及纠正。因此，把成本控制的重心放在基础、结构、装饰等主要施工阶段上，则是十分必要的。

（四）目标管理原则

目标管理是贯彻执行计划的一种方法，它把计划的方针、任务、目标和措施等逐一加以分解，提出进一步的具体要求，并分别落实到执行计划的部门、单位甚至个人。目标管理的内容包括目标的设定和分解，目标的责任落实到位和执行，检查目标的执行结果，评价目标和修正目标，形成目标管理的计划、实施、检查、处理循环。

（五）节约原则

节约人力、物力、财力的消耗，不仅是提高经济效益的核心，也是成本控制的最基本原则。节约要从三个方面入手：一是严格执行成本开支范围、费用开支标准和有关财务制度，对各项成本费用的支出进行限制和监督；二是提高施工项目的科学管理水平，优化施工方案，提高生产效率，节约人力、物力、财力的消耗；三是采取预防成本失控的技术组织措施，防止可能发生的浪费。做到以上三点，成本目标就能实现。

（六）例外管理原则

在工程项目建设过程的诸多活动中，有许多活动是例行的，如施工任务单和限额领料单的流转程序等，通常是通过制度来保证其顺利进行的。但也有一些不经常出现的问题，称之为“例外”问题。这些“例外”问题，往往是关键性问题，对成本目标的顺利完成影响很大，必须予以高度重视。例如，在成本管理中常见的成本盈亏异常现象，即盈余或亏损超过了正常的比例；本来是可以控制的成本，突然发生了失控现象；某些暂时的节约，但有可能给今后的成本带来隐患（如由于平时机械维修费的节约，可能会造成未来的停工修理和更大的经济损失）等，都应该视为“例外”问题，需进行重点检查、深入分析，并采取相应的积极的措施加以纠正。

（七）责、权、利相结合的原则

要使成本控制真正发挥及时有效的作用，必须严格按照经济责任制的要求，贯彻责、权、利相结合的原则。

首先，在项目施工过程中，项目经理、工程技术人员、业务管理人员以及各单位和生产班组都负有一定的成本控制责任，从而形成整个项目的成本控制责任网络。其次，各部门、各单位、各班组在肩负成本控制责任的同时，还应享有成本控制的权力，即在规定的权力范围内可以决定某项费用能否开支、如何开支和开支多少，以对项目成本进行实质性的控制。最后，项目经理还要对各部门、各单位、各班组在成本控制中的业绩进行定期的检查和考评，并与工资分配紧密挂钩，实行有奖有罚。实践证明，只有责、权、利相结合的成本控制，才是名副其实的项目成本控制，才能收到预期的效果。

三、工程项目成本控制的内容

工程项目成本控制在不同阶段的工作内容如下。

（一）投标承包阶段

（1）根据工程概况和招标文件，结合建筑市场和竞争对手的情况，进行成本预测，提出投标决策意见。

（2）中标以后，应根据项目的建设规模，组建与之相适应的项目经理部，同时以“标书”为依据确定项目的成本目标，并下达给项目经理部。

（二）施工准备阶段

（1）根据设计图纸和有关技术资料，对施工方法、施工顺序、作业组织形式、机械设备选型、技术组织措施等进行认真研究分析，并运用价值工程原理，制定出科学先进、经济合理的施工方案。

（2）根据企业下达的成本目标，并以分部分项工程实物工程量为基础，结合劳动定额、材料消耗定额和技术组织措施的节约计划，在优化的施工方案指导下，编制明细而具体的成本计划，并按照部门、施工队和班组的分工进行分解，作为部门、施工队和班组的责任成本落实下去，为今后的成本控制做好准备。

（3）根据项目建设时间的长短和参加建设人数的多少，编制间接费用预算，并对上述预算进行明细分解，以项目经理部有关部门（或业务人员）的责任成本的形式落实下去，为今后的成本控制和绩效考评提供依据。

（三）施工阶段

（1）加强施工任务单和限额领料单的管理。特别要做好每一个分部分项工程完成后的验收（包括实际工程量的验收和工作内容、工程质量、文明施工的验收），以及实耗人工、实耗材料的数量核对，以保证施工任务单和限额领料单的结算资料绝对正确，为成本控制提供真实可靠的数据。

（2）将施工任务单和限额领料单的结算资料与施工预算进行核对，计算分部分项工程的成本差异，分析差异产生的原因，并采取有效的纠偏措施。

（3）做好月度成本原始资料的收集和整理，正确计算月度成本，分析月度预算成本与实际成本的差异。对于一般的成本差异，要在充分注意不利差异的基础上，认真分析有利差异产生的原因，以防对后续作业成本产生不利影响或因质量低劣而造成返工损失。对于盈亏比例异常的现象，则要特别重视，并在查明原因的基础上，采取果断措施，尽快加以纠正。

（4）在月度成本核算的基础上，实行责任成本核算，也就是利用原有会计核算的资料，重新按责任部门或责任者归集成本费用，每月结算一次，并与责任成本进行对比。

（5）经常检查对外经济合同的履约情况，为顺利施工提供物资保证。如遇拖期或质量不符合要求，应根据合同规定向对方索赔；对缺乏履约能力的单位，要采取断然措施，即终止合同，并另找可靠的合作单位，以免影响施工，造成经济损失。

（6）定期检查各责任部门和责任者的成本控制情况，检查成本控制责、权、利的落实情况（一般为每月一次）。发现成本差异偏高或偏低的情况，应会同责任部门或责任者分析产生差异的原因，并督促他们采取相应的对策来纠正差异；如有因责、权、利不到位而影响成本控制工作的情况，应针对责、权、利不到位的原因，调整有关各方的关系，落实责、权、利相结合的原则，使成本控制工作得以顺利进行。

（四）竣工阶段及保修期间

（1）精心安排，干净利落地完成工程竣工扫尾工作。从现实情况看，很多工程一到扫尾阶段，就把主要施工力量抽调到其他在建工程，以致扫尾工作拖拖拉拉，战线拉得很长，机械、设备无法转移，成本费用照常发生，使在建阶段取得的经济效益逐步流失。因此，一定要精心安排（因为扫尾阶段工作面较小，人多了反而会造成浪费），采取“快刀斩乱麻”的方法，把竣工扫尾时间缩短到最低限度。

（2）重视竣工验收工作，顺利交付使用。在验收前，要准备好验收所需要的各种资料（包括竣工图）送甲方备查。对验收中甲方提出的意见，应根据设计要求和合同内容认真处理，如果涉及费用，应请甲方签证，列入工程结算。

（3）及时办理工程结算。一般来说，工程结算造价＝原施工图预算±增减项。但在施工过程中，有些按实结算的经济业务是由财务部门直接支付的，项目预算员不掌握资料，往往在工程结算时被遗漏。因此，在办理工程结算以前，要求项目预算员和成本员进行一次认真全面的核对。

（4）在工程保修期内，应由项目经理指定保修工作的责任人，并且保修责任人应根据实际情况提出保修计划（包括费用计划），以此作为控制保修费用的依据。

第五节　施工项目成本核算与分析

一、建筑项目成本核算

（一）施工项目成本核算的对象

成本核算对象是指在计算工程成本时，确定归集和分配生产费用的具体对象，即生产费用承担的客体。

具体的成本核算对象主要应根据企业生产的特点加以确定，同时还应考虑成本管理的要求。建筑产品用途的多样性，带来了设计、施工的单件性。每一建筑安装工程都有其独特的形式、结构和质量标准，需要一套单独的设计图，在建造时需要采用不同的施工方法和施工组织。即使采用相同的标准设计，由于建造地点的不同，在地形、地质、水文以及交通等方面也会有差异。施工企业的这种单件性生产的特点，决定了施工企业的成本核算对象的独特性。

有时一个施工项目包括几个单位工程，需要分别核算。单位工程是编制工程预算、制定施工项目工程成本计划和与建设单位结算工程价款的计算单位。施工项目成本一般应以每一独立编制施工图预算的单位工程为成本核算对象，但也可以按照承包工程项目的规模、工期、结构类型、施工组织和施工现场等情况，结合成本管理要求，灵活划分成本核算对象。一般来说，有以下几种划分方法。

(1) 一个单位工程由多个施工单位共同施工时，各施工单位都应以同一单位工程为成本核算对象，分别核算自行完成的部分。

(2) 规模大、工期长的单位工程，可以将工程划分为若干部分，以分部分项工程作为成本核算对象。

(3) 同一建设项目，由同一施工单位施工，并在同一施工地点，属同一结构类型且开竣工时间相近的若干单位工程，可以合并为一个成本核算对象。

(4) 改建、扩建的零星工程，可以将开竣工时间相近、属于同一建设项目的各个单位工程合并作为一个成本核算对象。

(5) 土石方工程、打桩工程，可以根据实际情况和管理需要，以一个单项工程为成本核算对象，或将同一施工地点的若干个工程量较小的单项工程合并作为一个成本核算对象。

（二）施工项目成本核算的任务

施工项目成本核算主要完成以下任务。

第一，执行国家有关成本核算范围、费用开支标准、工程预算定额和企业施工预算、成本计划的有关规定，控制费用，促使项目合理、节约地使用人力、物力和财力。这是施工项目成本核算的先决条件和首要任务。

第二，正确及时地核算施工过程中发生的各项费用，计算施工项目的实际成本。这是项目成本核算的主体和中心任务。

第三，反映和监督施工项目成本计划的完成情况，为项目成本预测，以及为参与项目施工生产、技术和经营决策提供可靠的成本报告和有关资料，促进项目改善经营管理，降低成本，提高经济效益。这是施工项目成本核算的根本目的。

1. 施工项目成本会计的账表

施工项目成本会计的账表包括：工程施工账（对于工程项目施工为工程项目明细账；对于单位工程施工为单位工程成本明细账）、施工间接费用账、其他直接费用账、项目工程成本表、在建工程成本明细表、竣工工程成本明细表、施工间接费用表。

2. 施工项目成本核算的管理会计式台账

管理会计式台账主要有以下辅助记录台账。

第一类是为项目成本核算积累资料的台账，如产值构成台账、预算成本构成台账、增减账台账等。

第二类是对项目资源消耗进行控制的台账，如人工耗用台账、材料耗用台账、结构构件耗用台账、周转材料使用台账、机械使用台账、临时设施台账等。

第三类是为项目成本分析积累资料的台账，如技术组织措施执行情况台账、质量成本台账等。

第四类是为项目管理服务和具有“备忘”性质的台账，如甲方供料台账、分包合同台账及其他必须设立的台账等。

（三）施工项目成本核算过程

成本的核算过程，实际上也是各成本项目的归集和分配的过程。成本的归集是指通过一定的会计制度以有序的方式进行成本数据的收集和汇总；成本的分配是指将归集的间接成本分配给成本对象的过程，也称间接成本的分摊或分配。

1. 人工费核算

(1) 内包人工费。这是指企业所属的劳务分公司与项目经理部签订的劳务合同结算的全部工程价款。按月结算，计入项目或单位工程成本。

(2) 外包人工费。按项目经理部与劳务分包企业签订的包清工合同，以当月验收完成的工程实物量，计算出定额工日数乘以合同人工单价确定人工费，并按月凭项目经济员提供的“包清工工程款月度成本汇总表”预提计入项目或单位工程成本。

上述内包、外包合同履行完毕，根据分部分项工程的工期、质量、安全、场容等验收考核情况，进行合同结算，以结账单为实据调整项目实际成本。估点工任务单必须当月签发、当月结算，严格管理，按实计入成本，隔月不予结算，一律作废。

2. 材料费核算

(1) 工程耗用的材料，根据限额领料单、退料单、报损报耗单、大堆材料耗用计算单等，由项目材料员按单位工程编制“材料耗用汇总表”，计入项目成本。

(2) 各种材料价差，按规定计入项目成本。

3. 周转材料费核算

(1) 周转材料实行内部租赁制，以租金的形式反映其消耗情况，按“谁租用谁负担”的原则核算其项目成本。

(2) 按周转材料租赁办法和租赁合同，由出租方与项目经理部按月结算租赁费。租赁费按租用的数量、时间和内部租赁单价计算计入项目成本。

(3) 周转材料在调入、移出时，项目经理部必须严格执行计量验收制度，如有短缺、损坏，一律按原价赔偿，计入项目成本（缺损数＝进场数－退场数）。

(4) 租用周转材料的进退场运费，按其实际发生额，由调入项目负担。

4. 结构件费核算

（1）项目结构件的使用必须办理领发手续，并根据这些手续，按照单位工程使用对象编制“结构件耗用月报表”。

（2）项目结构构件的单价，以项目经理部与外加工单位签订的合同为准，计算耗用金额并计入成本。

（3）根据实际施工形象进度、已完成施工产值的统计、各类实际成本消耗三者在月度时点上应保持三同步，结构构件耗用的品种和数量应与施工产值相对应。结构构件数量及金额的结存数，应与项目成本员的账面余额相符。

（4）发生结构构件的一般价差，可计入当月项目成本。

（5）部位分项分包，按照企业通常采用的类似结构件管理和核算方法，项目经济员必须做好月度已完工程部分验收记录，正确计算并报告分项分包产值，并书面通知项目成本员及时、正确、足额计入成本。

5. 机械使用费核算

（1）机械设备实行内部租赁制，以租赁费形式反映其消耗情况，按“谁租用谁负担”的原则核算项目成本。

（2）按机械设备租赁办法和租赁合同，由企业内部机械设备租赁市场与项目经理部按月结算租赁费，计入项目成本。

（3）机械进出场费，按规定由承租项目承担。

（4）项目经理部租赁的各类大中小型机械，其租赁费全额计入项目机械费。

（5）根据内部机械设备租赁市场运行规则要求，结算原始凭证由项目指定专人签认开班和停班次数，据此结算费用。现场机、电等操作工奖金由项目考核支付，计入项目机械费成本并分配到相关单位工程。

上述机械租赁费结算，尤其是大型机械租赁费及进出场费应与产值对应，防止出现只有收入无支出或只有支出无收入等不平衡的状况。

6. 其他直接费核算

项目施工生产过程中实际发生的其他直接费，有时并不“直接”。凡能弄清受益对象的，应直接计入受益成本核算对象的工程施工-其他直接费。其他直接费包括：施工过程中的材料二次搬运费；临时设施摊销费；生产工具、用具使用费。除上述以外的其他直接费用，均应按实际发生的有效结算凭证计入项目成本。

7. 施工间接费核算

间接费用按照以下原则核算其项目成本。

（1）以项目经理部为单位编制工资单和奖金单，列支工作人员薪金。项目经理部工资总额每月必须正确核算，以此计提职工福利费、工会经费、职工教育经费、劳保统筹费等。

（2）劳务分公司所提供的炊事人员代办食堂承包服务、警卫人员区域岗点承包服务，以及其他代办服务费用计入施工间接费。

（3）内部银行的存贷款利息，计入“内部利息”（新增明细子目）。

（4）施工间接费，先在项目“施工间接费”总账归集，再按一定的分配标准计入受益核算对象（单位工程）“工程施工-间接成本”。

8. 分包工程成本核算

（1）包清工工程，如前所述纳入“人工费-外包人工费”核算。

（2）部位分项分包工程，如前所述纳入结构构件费内核算。

（3）外包工程按以下方法核算。

① 双包工程，是指将整幢建筑物以包工包料的形式分包给外单位施工的工程。可根据承包合同取费情况和发包（双包）合同支付情况，即上下合同差额，测定目标盈利率。月度结算时，以双包工程已完工程价款作为收入，应付双包单位工程款作为支出，适当负担施工间接费。为稳妥起见，拟将管理目标盈利率的50%以内预结利润，也可在月结成本时做收支持平。竣工结算时，再按实际调整实际成本，反映利润。

② 机械作业分包工程，是指利用分包单位专业化施工优势，将打桩、吊装、大型土方、深基础等施工项目分包给专业单位施工的形式。对机械作业分包产值统计的范围是：只统计分包费用，而不包括物耗价值，即打桩只计打桩费而不计桩材费，吊装只计吊装费而不计构件费。机械作业分包实际成本与此对应，包括分包结算单中除工期奖之外的全部工程费用。总体反映其全部成本。

与双包工程一样，总分包企业合同差额包括总包单位管理费、分包单位让利收益等，在月结成本时，可先预结一部分，或月结时作收支持平处理，到竣工结算时，再作为项目效益反映。上述双包工程和机械作业分包工程由于收入和支出比较容易辨认（计算），所以项目经理部也可以对这两项分包工程采用竣工结算的办法，即月度不结盈亏。

项目经理部应增设“分建成本”成本项目，核算并反映双包工程、机械作业分包工程的成本状况。分包形式（特别是双包）下，对分包单位领用、租用、借用本企业物资、工具、设备、人工等费用，必须根据项目管理人员开具的且经分包单位指定专人签字认可的专用结算单据，如“分包单位领用物资结算单”及“分包单位租用工具设备结算单”等结算依据入账，抵作已付分包工程款。同时要注意对分包资金的控制，分包付款、供料控制，主要应依据合同及供料计划进行制约，单据应及时流转结算，账上支付额（包括抵作额）不得突破合同。要注意阶段性控制，防止资金失控引起成本增加。

（四）施工项目成本核算报告

项目经理部应在跟踪核算分析的基础上，编制月度项目成本报告，按规定的时间报送企业成本主管部门，以满足企业的要求。

在工程施工期间，定期编制成本报表既能提醒注意当前急需解决的问题，又能帮助掌握项目的施工总体情况。

1. 人工费周报表

人工费是项目经理部最能直接控制的成本，它不仅能决定工人的选用，而且能控制工人的工作量和工作时间，所以项目经理部必须经常掌握人工费用的详细情况。

人工费周报表反映了某一周内工程施工中每个分项工程的人工单位成本和总成本，以及与之对应的预算数据。若发现某些分项工程的实际人工费与预算存在差异，就可以进一步找出症结所在，从而采取措施来纠正存在的问题。

2. 工程成本月报表

人工费周报表内只包括人工费，而工程成本月报表内却包括工程的全部费用。工程成本月报表是针对每一个施工项目编制的，有助于项目经理评估本工程中各个分项工程的成本支出情况，找出具体核算对象的成本偏差，明确超过预算的数额和原因，以便及时采取对策，防止偏差积累而导致成本目标失控。

3. 工程成本分析报表

工程成本报表将施工项目的分部分项工程成本资料和结算资料汇于一表，使得项目经理能够纵观全局，对工程成本现状一目了然。成本分析报表可以一月一编报，也可以一季编报一次。

二、施工项目成本分析

建筑工程项目施工成本分析贯穿施工成本控制的全过程，它在成本的形成过程中，将项目施工成本核算资料与目标成本、预算成本以及类似项目的实际施工成本等进行比较，了解施工成本的变动情况，寻找降低项目施工成本的途径，以便有效地进行施工成本控制。

1. 项目施工成本分析的内容

建筑工程项目施工成本分析即对建筑工程项目施工成本进行对比、总结、评析。施工过程中的成本控制不能脱离施工成本分析而存在，准确把握施工成本的变动，可以了解成本受各方因素的具体影响。

项目施工成本按工程成本核算对象的不同，可分为直接成本和间接成本。直接成本是指企业施工过程中所耗费的构成项目实体或有助于项目形成的总支出，包括人工费、材料费、施工机械使用费和其他直接费用。间接成本则是指为辅助项目形成而发生的成本，即施工企业的下属施工单位（工程处、施工队、项目管理部、工区等）为组织和管理施工活动所发生的总支出，包括差旅交通费、办公费、业务招待费等。

项目施工成本分析的内容如下。

(1) 人工费分析。人工费是指建筑施工企业为完成施工项目支付给生产工人的所有费用之和，包括工资、社保费、福利费、补贴等。施工项目实施过程实行管理层和作业层双层分离控制，由项目经理部与施工队签订带有明确承包范围、金额以及双方权利和义务的劳务合同。因此人工成本应合理，如果人工成本高于预算，就会造成总施工成本上升；如果远低于预算，很可能导致施工工人水平不足，造成施工质量低下。

（2）材料费分析。材料费为施工过程中使用的全部材料和从市场购买的结构件的成本开支和摊销支出。材料费分析主要分析主材、结构件、材料周转、材料运输及存储产生的费用。材料成本直接受材料数量、材料价格的影响。分析材料费的时候，一方面关注价差，另一方面关注量差，也就是对价格和数量变动给材料成本造成的影响进行分析。在工程项目中，材料成本占总成本的比例最大，须重视提高材料利用率，减少损耗。

（3）施工机械使用费分析。施工机械使用费是施工中，借助不同机械展开生产发生的费用，包含自有和租赁的机械产生的费用。自有机械产生使用费，租赁机械产生租赁费和使用费。租赁机械通常有两种情形：一是基于产量支付租赁费用，二是根据使用时间支付租赁费用。若租赁的机械完好率达不到要求，机械的利用率就会受到影响，导致租赁时间延长，进而造成租赁费用上升。如果基于产量支付租赁费用，机械完好率对成本产生的影响可能并不大；但是如果根据使用时间支付租赁费用，机械完好率就会对项目施工成本产生直接而且重大的影响。所以，使用机械时，要充分发挥机械效能，做好机械的维修保养工作，提升机械的完好率。

（4）其他直接费用分析。其他直接费用包括施工现场所耗费的水、电、气和二次搬运材料所产生的费用。若某项费用的受益对象难以确定，应将预算和定额用量作为分配的基础，在月末对其他直接费用进行分配表编制的时候，计入各受益对象的工程成本。

（5）间接费分析。间接费是组织施工、开展生产发生的服务性开支，即保证项目正常实施产生的管理费，包含管理人员工资、社保、福利费、办公费、差旅交通费、业务招待费等。通过预算数与实际发生数的比较来进行分析。

（6）其他影响因素分析。施工质量水平是影响项目施工成本的主要因素。提高施工企业的施工质量水平，就能降低项目因未达到质量标准而发生的损失，减少项目的故障成本。施工准备、施工组织和管理费用管控等也是影响项目施工成本的因素。

项目施工成本分析是施工企业进行成本核算的重要内容。企业应运用对比法、因素分析法等方法，定期或不定期、全面或部分对施工生产活动、资金、差额成本等进行分析对比，找出成本变动原因，总结成本管理经验，挖掘成本管理能力，采取及时有效的措施，解决影响项目施工成本变动的不利因素，提升经营管理能力，通过完善的成本控制制度、奖惩制度，增强员工成本意识，提高员工积极性，促进成本管理目标的完成。

2. 项目施工成本分析应考虑的内容

（1）建筑施工行业为劳动密集型产业，建筑工人的综合素质不高，人员构成较为复杂，若想在规定时间内保质保量地将工程建设完成，难度很大。

（2）施工项目子项目多，生产环节多，人为因素多，成本“跑”“冒”“滴”“漏”现象严重。

(3) 项目施工成本分析应全员、全方位参与，实事求是地反映问题，促使问题及时解决。

(4) 项目施工成本伴随着项目的实施逐渐发生，因此，项目施工成本分析要将定量分析与定性分析结合起来，结合施工进度，充分利用统计资料进行全过程动态分析。

3. 项目施工成本分析的方法

由于项目施工成本涉及的范围很广，分析的内容很多，因此应根据不同的情况采取不同的分析方法。

(1) 成本分析的基本方法，包括对比法、因素分析法、差额计算法、比率法等。

① 对比法。对比法又称指标对比分析法，它是指通过对比相关技术经济指标的实际数与基数，计算实际数与基数的差额，分析差额产生的原因，了解经济活动的进展和问题，挖掘内部潜力的方法。对比法通俗简单、易于掌握，在各行各业成本分析中得到了广泛应用。在具体应用时，必须注意技术经济指标的可比性。对比法主要适用于单因素的分析，根据分析对象和要求的不同，采用不同的计算方法，如在确定具有可比性的两个同类经济指标差距时，若计算绝对差距时则两数相减；若计算相对差距则两数相除。对比法的应用主要有以下形式。

a. 实际指标与计划指标对比。这种形式适用于检查计划的完成情况，通过对比找出推动计划的积极因素以及影响计划的消极因素，为实际成本与计划成本不同的原因提供分析依据，以便及时采取有效措施，保证成本目标的实现。应用这种形式时，应注意计划指标的可比性，若计划指标质量低下，则不具有可比性，须重新选择计划指标。

b. 本期实际指标与上期实际指标对比。这种形式是同类指标在不同时间上的比较，用来分析事物在不同时期的发展速度和增长速度，是一种动态分析形式。通过对比分析，可以观察事物的发展方向和增减速度，总结施工管理水平的提高或降低程度。应用这种形式时，必须重视对成本指标的对比分析，为后续的管理改进提供方向。

c. 本企业实际指标与同行业平均、先进指标对比。这种形式是同类指标在不同条件下的对比，是一种对比分析形式。通过对比分析，可以观察企业的经营管理水平与同行业平均水平、先进水平的差距，总结其他企业的优秀经验和自身薄弱环节，进而不断提升自身水平。由于其他企业的指标数据往往难以获取，这种形式很难在深层次上进行技术经济指标的对比。

② 因素分析法。因素分析法又称连锁置换法或连环替代法，它针对某个综合财务指标或经济指标的变动原因，利用统计指数体系，计算和确定各个影响因素的变动对被影响因素（综合财务指标或经济指标）的影响程度。因素分析法是多元统计法的一个分支，它能把多个影响成本的因素简化为几个能够决定成本变动

的因素。常用的因素分析法包括连环因素替代法和差额分析法。使用因素分析法有如下条件：影响因素是可以计量的；影响因素和被影响因素之间的数学关系是已知的；影响因素具有一定的顺序。

在具体应用时，从影响因素和被影响因素的计划值开始，依次用影响因素的实际值替换基准值，且每次只替换一个影响因素，每替换一次就得到一个影响因素变动对被影响因素的影响程度，直到所有影响因素都被替换为实际值为止。计划值包括企业成本计划数、定额数、预算数、上期数、期初数等，实际值包括成本实际数、本期数、期末数等。

③ 差额计算法。差额计算法是因素分析法的一种简化形式，它利用各个因素的计划数与实际数的差额来计算各个因素对成本的影响程度。

④ 比率法。比率法是指用两个以上指标的比例进行分析的方法。它的基本特点是先把对比分析的数值变成相对数，再观察其相互之间的关系。常用的比率法有以下几种。

a. 相关比率法。项目经济活动的各个方面是互相联系、互相依存又互相影响的，因而将两个性质不同而又相关的指标加以对比，求出比率。例如，产值和工资是两个不同的概念，但它们的关系又是投入与产出的关系。一般情况下，企业都希望以最少的人工费完成最大的产值。因此，可以用产值工资率指标来考核人工费。

b. 构成比率法。构成比率法又称比重分析法或结构对比分析法。通过构成比率法，可以分析成本总量的构成情况以及各成本项目占成本总量的比重，也可看出量、本、利的比例关系，即预算成本、实际成本和降低成本的比例关系，从而找到降低成本的方向。

c. 动态比率法。动态比率法就是将同类指标不同时期的数值进行对比，求出比率，以分析该项指标的发展方向和发展速度。通常采用基期指数（或定比指数）和环比指数计算动态比率。

（2）综合成本分析法。综合成本是指涉及多种生产要素，并受多种因素影响的成本，如分部分项工程成本、月（季）度成本、年度成本等。

① 分部分项工程成本分析。分部分项工程成本分析是项目施工成本分析的基础。分析对象是已完分部分项工程。分析方法是进行预算成本、计划成本和实际成本的“三算”对比，分别计算实际偏差和计划偏差，分析产生偏差的原因，寻求节约成本的途径。分部分项工程成本分析的资料来源：预算成本来自施工图预算，计划成本来自施工预算，实际成本来自施工任务单的实际工程量、实耗人工和限额领料单的实耗材料。

由于施工项目包括很多分部分项工程，不可能也没有必要对每一个分部分项工程都进行成本分析，特别是工程量小、成本微不足道的零星工程。但是，对于主要分部分项工程，必须进行成本分析，而且要从开工到竣工进行系统的成本分析。通过主要分部分项工程成本分析，可以基本了解项目施工成本形成的全过程，为竣工成本分析和项目施工成本管理打好基础。

② 月（季）度成本分析。月（季）度成本分析是定期的、经常性的中间成本分析。对于有一次性特点的施工项目来说，这有着特别重要的意义。因为通过月（季）度成本分析可以及时发现问题，按照成本目标进行监督和控制，保证成本目标的实现。月（季）度成本分析的依据是当月（季）的成本报表。分析的方法通常有以下几种。

a. 通过实际成本与预算成本的对比，分析当月（季）度的成本降低水平；通过累计实际成本与累计预算成本的对比，分析累计的成本降低水平，预测实现成本目标的可能性。

b. 通过实际成本与计划成本的对比，分析计划成本的落实情况以及目标管理中的问题和不足，进而采取措施，加强成本管理，保证成本计划的落实。

c. 通过对各成本项目的成本分析，了解成本总量的构成比例和成本管理的薄弱环节。例如，在成本分析中，发现人工费、施工机械使用费和间接费等项目大幅度超支，就应该对这些费用的收支情况认真研究，并采取相应的增收节支措施，以防止今后再超支。如果出现预算定额规定的“政策性”亏损，则应从控制支出着手，把超支额压缩到最低限度。

d. 通过主要技术经济指标的实际数与计划数的对比，分析产量、工期、质量、“三材”节约率、机械利用率等对成本的影响。

e. 通过对技术组织措施执行效果的分析，寻求更加有效的节约成本的途径。

f. 分析其他有利条件和不利条件对成本的影响。

③ 年度成本分析。企业成本要一年结算一次，不得将本年度成本转入下一年度。而项目以项目周期为结算期，由于项目周期一般较长，除月（季）度成本分析外，还要进行年度成本分析，这不仅是企业汇总年度成本报表的需要，也是项目施工成本管理的需要。通过年度成本分析，可以总结本年度成本管理的成绩和不足，为今后的成本管理总结经验和教训，从而对项目施工成本进行更有效的管理。

年度成本分析的依据是年度成本报表。年度成本分析的内容，除了月（季）度成本分析的六个方面以外，还要对下一年度的施工规划制定切实可行的成本管理措施，以保证项目施工成本目标的实现。

④ 竣工成本的综合分析。凡是有几个单位工程而且各单位工程单独进行成本核算的施工项目，其竣工成本分析应以各单位工程竣工成本分析资料为基础，再加上项目经理部的经营效益（如资金调度、对外分包等所产生的效益）进行综合分析。

如果施工项目只有一个成本核算对象（单位工程），就以该成本核算对象（单位工程）的竣工成本分析资料作为成本分析的依据。

单位工程竣工成本分析，应包括竣工成本分析、主要资源节超对比分析、主要技术节约措施及经济效果分析。

通过单位工程竣工成本分析，可以全面了解单位工程的成本构成，对今后同类工程的成本管理很有参考价值。

(3) 成本项目的分析方法。

① 人工费分析。在实行管理层和作业层双层分离的情况下，项目施工需要的人工和人工费，由项目经理部与施工队签订劳务承包合同，明确承包范围、承包金额和双方的权利、义务。对项目经理部来说，除了按合同规定支付劳务费以外，还有其他人工费支出，主要有以下几项。

a. 因实物工程量增加而调整的人工费。

b. 定额人工以外的计点工工资（已按定额人工的一定比例由施工队包干并已列入承包合同的，不再另行支付）。

c. 对在进度、质量、节约、文明施工等方面作出贡献的班组和个人进行奖励的费用。

② 材料费分析。材料费分析包括主要材料和结构件费用分析，周转材料费用分析，材料采购与保管费分析以及材料储备资金分析。

a. 主要材料和结构件费用分析。主要材料和结构件费用主要受材料价格和消耗数量的影响。

b. 周转材料费分析。在实行周转材料内部租赁制的情况下，周转材料费取决于周转材料的周转利用率和损耗率。因为如果周转慢，周转材料的使用时间就长，就会增加租赁费；而如果周转材料损耗超过规定的损耗，要按原价赔偿。

c. 材料采购与保管费分析。材料采购与保管费主要包括材料采购与保管人员的工资、工资附加费、劳动保护费、办公费、差旅费，以及材料采购与保管过程中发生的固定资产使用费、工具用具使用费、检验试验费、材料整理费、零星运费、材料的盘亏与毁损等。

材料采购保管费一般应与材料采购数量同步，即材料采购多，采购保管费也相应较多。因此，应该根据每月实际采购的材料数量（金额）和实际发生的材料采购保管费，计算材料采购保管费支用率，以对比分析前后期材料采购保管费。

d. 材料储备资金分析。材料的储备资金，是根据日平均用量、材料单价和储备天数（从采购到进场）计算的。上述任何一个因素的变动，都会影响储备资金的占用量。材料储备资金的分析可以使用因素分析法。储备天数是影响储备资金的关键因素。因此，材料采购人员应选择运距短的供应单位，尽可能减少材料采购的中转环节，缩短储备天数。

③ 机械使用费分析。由于项目施工具有一次性，项目经理部不可能购买机械，而是随着施工的需要，向企业动力部门或其他单位租用机械。在机械的租用过程中，存在两种情况：一种是按产量进行计费，并按完成产量计算费用，如土方工程，项目经理部只要按实际挖掘的土方工程量结算挖土费用，而不必考虑挖土机械的完好程度和利用程度；另一种是按使用时间（台班）计算机械费用，如塔式起重机、搅拌机、砂浆机等，如果机械完好率低或在使用中调度不当，利用率必然会低，从而导致使用时间延长、费用增加。

由于建筑施工的特点，在流水作业和工序搭接时往往存在必然或偶然的施工间隙，影响机械的连续作业；有时又由于加快施工进度，机械会日夜不停地运转。

这样，难免导致有的机械利用率很高，有的利用率低甚至“租而不用”。若机械利用率低，仍要支付台班费；若机械“租而不用”，要支付停班费。因此，在机械的使用过程中，必须以满足施工需要为前提，加强机械的调度，充分发挥机械的效用。同时，还要加强机械的维修保养工作，提高机械的完好率，保证机械正常运转。

完好台班数是指机械处于完好状态下的台班数，不包括待修、在修、送修在途的机械。在计算完好台班数时，只考虑机械是否完好，不考虑机械是否在工作。

制度台班数是本期内全部机械台班数与制度工作天数的乘积，计算时不考虑机械的技术状态和是否在工作。

④ 措施费分析。措施费分析主要通过比较预算数与实际数来进行。如果没有预算数，可以用计划数代替预算数。

⑤ 间接成本分析。间接成本的分析也通过比较预算（或计划）数与实际数来进行。

⑥ 成本盈亏异常分析。成本出现盈亏异常，必须引起高度重视，彻底查明原因，立即加以纠正。

检查成本盈亏异常，应从经济核算的“三同步”入手。因为项目经济核算的基本规律是完成产值、消耗资源、发生成本之间有着必然的同步关系，如果违背这个规律，就会发生成本盈亏异常。

“三同步”检查是提高项目经济核算水平的有效手段，不仅适用于成本盈亏异常的检查，也适用于月度成本的检查。“三同步”检查内容如下。

a. 产值与施工任务单的实际工程量和形象进度是否同步。

b. 资源消耗与施工任务单的实耗人工、限额领料单的实耗材料、当期租用的周转材料和施工机械是否同步。

c. 其他费用（如材料价差、超高费、井点抽水的打拔费和台班费等）的产值统计与实际支付是否同步。

d. 预算成本与产值统计是否同步。

e. 实际成本与资源消耗是否同步。

⑦ 工期成本分析。工期的长短与成本的高低有着密切的联系。一般情况下，工期越长则成本越高，工期越短则成本越低。特别是变动成本基本与工期成正比，是进行工期成本分析的重点。

工期成本分析通过比较计划工期成本与实际工期成本来进行。计划工期成本是在假定完成预期利润的计划工期内耗用的计划成本，实际工期成本是在实际工期内耗用的实际成本。

工期成本分析一般采用比较法，即将计划工期成本与实际工期成本进行比较，然后用因素分析法分析各种因素的变动对工期成本的影响程度。

进行工期成本分析的前提是根据施工图预算和施工组织设计进行量、本、利分析，计算施工项目的产量、成本和利润的比例关系，然后用总固定成本除以合同工期，求出每月的固定成本。

第九章
某医院建筑施工建设单位管理案例分析

第一节　甲方管理的内容、特点与难点

一、甲方管理的工作内容

要实现项目管理目标，甲方不仅要做好功能定位、医疗流程、平面布局等方面的规划工作，而且要注重项目建设实施期间的投资控制、进度控制、质量控制和安全管理等方面的工作。甲方的主要任务是项目投资决策、编制建设方案并报审获批，运用计划、协调、监督和控制等手段，通过合同管理、信息管理、协调管理及技术管理等综合措施，实现项目的质量、安全、进度和成本始终处于合理可控状态，确保项目投资综合效益最大化。

二、甲方管理的工作特点

医院建设项目牵涉的单位和人员众多，包括政府相关部门、医院、出资方、代建单位、设计单位、工程监理单位、投资监理单位、施工单位和材料设备供应商等单位，以及医生、患者和社会公众等利益相关者，这些单位和人员之间又具有复杂的关系。各参建单位之间因为建设项目而集聚在一起，共同为项目目标的实现而工作，不同角色的参与者需要为项目建设承担不同的责任。由于建筑业的各生产单位不能提供集成化服务，建设单位成了整个工程建设的总组织者和决策者。

甲方管理工作的主要特点如下。

1. 全生命周期管理

由于参建单位均只承担整个项目建设的某一阶段工作，所以需要甲方进行全生命周期管理，包含的管理程序和阶段贯穿大型医院建设项目的各个阶段，从项目最初的酝酿直到项目交付使用、运营都离不开甲方的管理。

2. 集成化管理

由于参建单位所提供服务是整个项目建设的某一部分工作，所以需要甲方进行集成化管理，其基本特征是系统性和集成性思维，需要集成各参建单位，使其为实现项

目目标服务，同时要集成不同的项目管理目标，使其统一于整体的项目管理预期。

3. 工作重点是协调

由于承担各自工作的单位相互之间有影响、有矛盾，所以甲方管理工作需要极强的协调性，各参建单位的活动都需要甲方协调管理，对于建设过程中出现的问题需要进行快速有效的沟通协调，使各方利益在项目管理目标实现的基础上实现最大程度的均衡。

4. 管理强调向两头延伸

过去，甲方管理工作一般是从设计施工阶段介入，到施工结束即移交总务部门管理，而在现代项目管理要求下，基建部门必须参与医院总体规划的编制，项目筹建机构往往在项目建议书阶段即告成立。项目竣工后，项目还没有结束，按照全生命周期管理要求，筹建机构应工作至竣工并投入使用后两年。

5. 工作性质是顶层治理

在传统管理模式中，甲方往往过于关注设计施工阶段的技术性问题，过于深入技术细节而缺乏系统性；而在现代项目管理模式下，甲方对项目前期、中期、后期实施全过程控制。如施工进度控制中，必须同时监督材料设备采购进场安排、专业分包单位招标及计划，甚至要协调设计进度安排等全部内容；但在管理深度上则以协调、监督、控制和检查为主，并不提倡参与和过度干预每一个具体细节的管理。

6. 分别授权与权力制约

为改变以往建设单位决策权过分集中的问题，某市市级医院基本建设项目采取由院方和代建单位共同组成项目筹建办的模式，所有项目文件（含招标文件、合同、重大变更等）均由双方人员同时签署方为有效，既做到权责相当，又做到了权力之间的相互制约。

三、甲方管理的工作难点

医院建设项目由于医院建筑的独特性，管理难度较大，甲方的工作管理难点较多，归纳起来，重点有以下几个方面。

（1）周期长：医院建设项目自立项前的策划至备案验收一般长达4～5年，建设周期长给甲方管理带来了诸多不确定因素，增加了甲方项目管理的难度。

（2）前期工作推进难，主要体现在内部协调和外部协调两方面。内部协调主要在项目构思和方案设计阶段，协调学科发展需要、社会医疗需求、医院发展规划，做好医院的功能定位、医疗工艺布局策划、流程要求等，需甲方管理团队与相关使用部门沟通。但时间紧、沟通方式单一等原因，使用需求难以及时充分表达，易造成今后在设计及施工阶段出现变化。外部协调方面，主要反映在各种建设手续的报批及市政配套的申请上：作为政府投资项目，医院建设项目前期、竣工后的手续十分繁复，对依照建设程序办理政府审批手续，其难点在于：一是要弄清不同部门、不同审批手续之间的先后逻辑关系；二是确保申请资料的完备性；三是须留出一定时间，因为在审批时限上，政府部门可能因为对某种情况的综合考虑而增加专家论证、补充证明材料、修改局部方案等要求，从而延长批准时间。而市政配套方面，由于受我国基础设施投入机制影响，工程项目市政管线接入条件弹性较大，往往造成费用及时间上的较大增加。

(3) 专业多，专业性强，干系人多。

① 医院建设项目涉及专业分包内容多，二次招标及采购工作量大，在施工总承包招标完成后，对以暂估价形式列入总包范围的精装修、石材幕墙、钢结构、空调、强弱电工程、污水处理及消防报警等内容进行二次招标，还要对电梯、空调、手术净化系统、医用气体、物流传输和放射防护进行相应的专业设计和施工招标，此外还有大宗材料和设备的采购工作。

② 专业性强，涉及许多具有医院特色的专业，包括净化系统、医院物流系统、医疗气体系统、污水系统和大型医疗设备等的设计与安装等，多工种设计施工集成，施工难度高，易产生设计冲突、设计修改量大，且施工界面划分难度大，工种之间设计及施工的配合、交叉推进、协调工作量大。

③ 整体调试、后期维保及向使用部门移交配合工作量大。项目进入整体调试、扫尾阶段，由于人员逐步撤场，管理力量相对薄弱，也造成了这一阶段以及后期维保工作难度增大。

(4) 管理幅度全，覆盖难度大。采取项目管理模式后，管理层次明显增加，有时由于项目管理单位的能力不足，或为了提高管理指令的落实效率，需要甲方管理信息实现全覆盖，但多种非直接合同关系的存在导致甲方管理幅度增加。

在某市第一人民医院改扩建项目中，遇到的难点除了以上医院建设项目常见的难点外，还包括该项目独特的难点。

① 项目意义重大：某市第一人民医院改扩建项目是某市重大工程项目，政府部门对该项目的管理要求高，加之项目自身所处的地理环境和社会环境的限制，管理难度特别大。

② 前期工作时间特别紧：2011 年 7 月 15 日获得调整立项批复，2013 年 12 月 18 日开工，其中要完成设计招投标、方案论证、可研报告编制及各项证照手续办理等工作。

③ 涉及历史保护建筑：始建于 1934 年的原某高级中学是有悠久历史的老建筑，如何在保留其历史风貌的前提下使其符合医院发展要求是一大难点。

④ 由于场地狭小，采用逆作法施工。逆作法尽管能有效解决施工场地问题并缩短工期，但是其实施难度较大，如何进行现场机械设备的布置和管理是一大难点。

第二节　项目组织管理

一、组织管理策划

对于大型医院改扩建项目，项目体量大、建设周期长、涉及的专业单位较多，导致干系人协调难度增加，加之每个项目都有独特的特点，要做好项目管理工作，实现项目建设目标，首要任务是解决组织问题，必须从组织管理上提前做好策划，建立、健全组织体系，包括组织结构、组织分工、组织流程以及组织内部各要素之间的关系。只有分工明确、高效运转、沟通协调顺畅的组织才能保证项目的各参与方各司其职、互相配合、齐心协力克服项目难点，完成项目建设任务。某市第一人民医院改扩建项目还面临距离历史保护建筑近、距离居民区近、周边道路狭窄、基坑深和基地小等问题，因此甲方从一开始便充分认识到组织管理措施的重要性，注重将组织管理策划工作前置。在项目建议书批准后，医院与卫健中心共同提出筹建办公室组建申请，并在筹建办获得批准后召开项目管理策划会，对项目实施的各项内容进行策划。

在某市第一人民医院改扩建项目中，筹建办提出了很多创新性的创双优工作策划方案，包括与某市公安局警民共建，与街道南居委会成立联合党支部，共建联建，通过联建共建平台进行党风廉政建设，从内外两方面保障项目党员的廉洁守法，为全力保障某市第一人民医院改扩建工程项目的顺利推进奠定了坚实的思想基础。总体上，组织管理策划工作是做好项目管理工作的组织保障措施，某市第一人民医院改扩建项目管理工作能顺利推进很大程度上得益于高瞻远瞩的组织管理策划工作。

二、项目总体组织管理

某市市级医院代建模式采用的项目总体组织架构如图 9-1 所示。在该市财政局、国资委、发展改革委、市建委和审计局的领导下，某医院发展中心（以下简称“某中心”）作为市级公立医疗机构国有资产投资、管理、运营的责任主体和政府办医的责任主体，一方面受市国资委委托，承担投资举办市级公立医疗机构的职能，对市级公立医疗机构的国有资产实施监督管理，履行出资人职责，承担国有资产保值增效责任；另一方面，作为市政府的办医主体，某医院发展中心将根据市政府的要求，坚持正确的办医方向，办好市级公立医疗机构，进一步提高市级医疗机构的整体水平，为患者提供质优、价廉的医疗服务。某中心的组织结构图如图 9-2 所示。

某市卫生发展“十一五”规划中指出：“管办分离”后，某市卫生局负责“管”，作为主管全市卫生工作的政府组成部门，强化卫生全行业管理、强化政府公共卫生服务、强化医学科研和教育；某医院发展中心负责“办”，作为市级公立医疗机构国有资产运营与管理的责任主体和政府办医的责任主体，主要负责预算、资产管理、规划以及院长绩效考核。

医院作为使用方接受某医院发展中心的管理。医院方需要负责项目立项、现状及发展规划，提供工程用地和施工用地的外部配套、前期配套征询，落实自筹资金及时到位，协助咨询机构编制项目建议书和可行性研究报告，根据项目需求提出医疗、科研、教学等使用要求；同时委托招标代理编制设计任务书，并会同项目筹建办做好建设场地施工前的准备工作和施工图使用要求、工艺要求的确认工作。医院主要领导参加项目重大决策工作，选派基建管理人员参加筹建办，在筹建办统一领导下参与建设项目全过程管理工作，负责工程质量保修期的管理工作和办理产权证，做好创“双优”工作，与医院各有关部门沟通联系。

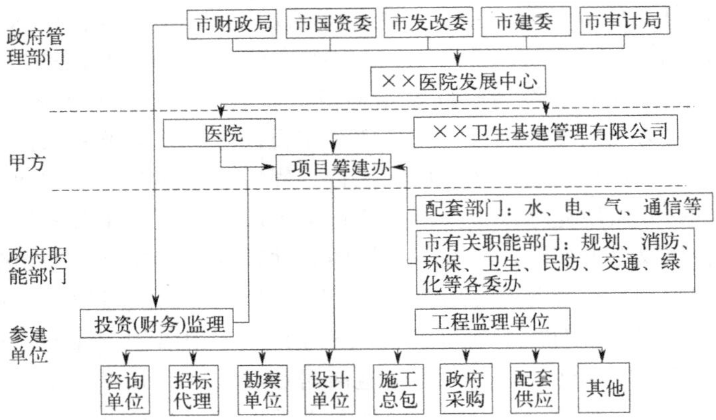

图 9-1　项目总体组织架构图

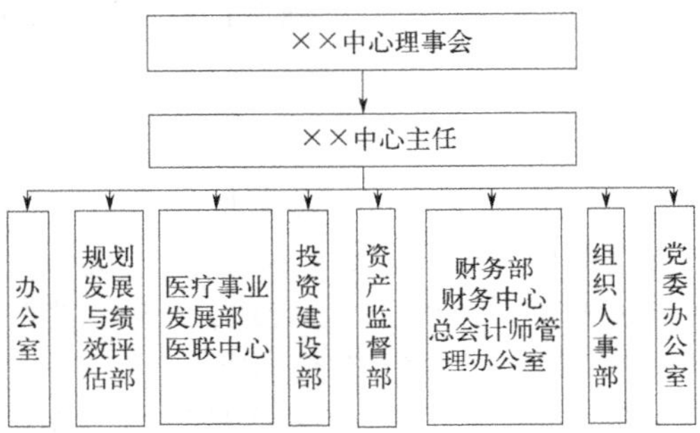

图 9-2　项目中心组织结构图

第三节　前期工作管理

一、方案的论证

方案的研究论证是一个循序渐进的过程，作为政府投资项目，其审批的过程其实就是方案从粗到细、从概念到具体的过程，最终目的是在前期尽可能将项目问题考虑充分，并提出相关措施确保方案可行、合理、经济。主要工作包括项目建议书的编制和审批、可行性研究报告的编制和审批，以及项目实施前必需开展的设计方案、扩大初步设计方案的编制和审批，以及在此过程中相关职能部门对方案提出审核意见的工作。

某市第一人民医院改扩建项目从 2008 年开始酝酿，而项目于 2013 年 12 月才开工，期间经历了 5 年多的方案论证、调整，从项目的定位、功能、流线等多方面进行论证，最终确定了建设内容。项目的上报、审批节点如表 9-1 所示。

表 9-1　项目咨询报告上报、审批节点

时间	节点	备注
2009 年 9 月 29 日	上报项目建议书	无
2009 年 10 月 26 日	项目建议书评审	
2010 年 9 月 16 日	取得立项批复	
2011 年 7 月 15 日	调整立项批复	主要是对涉及的土地费用进行调整，其他建设内容、选址等内容不变
2012 年 9 月 18 日	完成设计招投标	确定设计中标单位，进入可研阶段
2013 年 4 月 3 日	对是否保留历史建筑进行方案论证	基本认可方案，规划部门也明确以此方案进行规划公示
2013 年 4 月 20 日	上报可行性研究报告	无
2013 年 5 月 2 日	可行性研究报告评审	
2013 年 6 月 6 日-15 日	规划方案公示	
2013 年 11 月 5 日	取得可行性研究报告批复	

二、证照办理

相关证照的办理更侧重于建设项目的行政许可，当然这也是在前期方案研究论证并获得审批部门许可的基础上进行的。除了方案已经具备一定的深度外，建设单位还应提供相关部门办理手续所要求的资料，例如某市建设用地规划许可证申请表、符合比例要求的地形图、批准的计划文件、前期已经获得的相关部门意见、相关合同的签订及相关资金的落实证明等。项目前期工作向 30 余家政府主管部门及企业申报，总计经过 44 个环节、百余道申报流程，获得上百个公章审批认可。

三、设计管理

在方案设计、初步设计及施工图设计三个阶段，筹建办采取前期介入、过程参与的方式跟踪监督设计全过程，控制工程方案设计、初步设计、施工图设计的质量。在各个设计过程中，甲方充分征求各个使用部门的意见，将医院及各个科室的设计要求在图纸深化过程中予以体现。同时，筹建办根据市有关部门的规定，将各阶段设计文件送规划、环保、卫生防疫、环卫、排水排污、交通、消防、绿化、人防、管线监测、工务所和劳动保护等主管部门，以及电力、煤气、自来水、电话、通信、雨污水排放和垃圾堆放等市政配套部门审批，将审核意见反馈给设计单位，按上述部门要求修改图纸。在这个过程中，根据方案设计、初步设计、施工图设计三个阶段的工作特点的不同，筹建办的管理方法也有所区别，分别进行了以下质量控制工作。

（1）方案设计阶段：在设计方案提交后，筹建办及外部专家组成设计评审团队，选择满足医院功能需求的、实施性强的合理方案。

（2）初步设计阶段：在初步设计阶段，筹建办将方案深化、功能要求、设计优化要求及评审意见等反馈信息整理汇总后提交设计单位，并分阶段组织医院召开评审会议，使设计成果在满足设计规范和相关控制要求的基础上，充分体现业主（医院）的意图。

（3）施工图设计阶段：在施工图设计阶段，筹建办督促设计单位按照批准的扩初设计规模和内容进行施工图设计，力求使设计成果符合项目的功能要求和满足业主使用要求。同时，筹建办组织设计优化工作，及时将各方审核意见、专家咨询意见以及业主使用意见提供给设计单位，对项目施工图设计进行优化。

第四节　招标采购管理

一、招投标管理

（一）招标代理机构的选择

招标代理机构的选择直接影响招标工作的质量。在医院代建项目的招投标过程中，医院作为招标人，按照相关法律规定将招标工作委托给申康管理公司，并严格依照《中华人民共和国招标投标法》进行设计、勘察、施工、监理、设备及材料等招标工作，帮助招标人选择能力强和资信良好的投标人，以保证工程项目的顺利实施和建设目标的实现。

（二）做好关键单位的招标

在医院建设项目的招投标过程中应重点关注对项目质量具有较大影响的关键单位的招标选择工作。

（1）设计单位的招标。在医院建设项目设计单位选择时，不应单纯考虑设计服务费用。除审核设计单位的资质规模，获奖等情况外，更要注重设计单位是否有类似医院项目设计的经验或者类似规模的公共建筑的设计经历，以及拟投入项目人员的经验、业绩和能力是否能满足医院项目的设计要求。

（2）施工监理的招标。施工监理对项目现场的安全、质量、工程进度和施工作业等进行监督和管理，监理单位的管理能力直接影响工程质量。在监理单位招标中，注重对拟派总监及监理小组成员的资历和业绩的审查以及监理大纲的质量。

（3）施工总承包招标。施工总承包招标是建设项目招标的重中之重。施工总承包单位是工程建设项目实体质量的直接责任主体，选择一家技术及管理能力强，并具有类似医院施工经验的施工单位，对保证医院建设项目的质量具有至关重要的意义。在总包单位招标中，需综合考虑投标单位的工程量清单和投标报价等商务标内容，以及施工组织设计等技术标内容。

（4）分包单位的招标。医院项目具有专业工程涉及面广，技术要求复杂，参建单位多等特点。据统计，某市第一人民医院改扩建项目共涉及专业分包单位 17 家，涵盖了净化手术室、放射屏蔽、医用气体、消防、弱电、VRV 空调、绿化、室外总体、外幕墙、35kV 变电、精装修、桩基、土方挖运、围护工程和防水及保温等专业，因此专业分包工程的招标与管理也成了项目质量管理的重点内容。在上述单位的招标中，筹建办进行全过程的管理，保证招标代理机构招标过程的合理合法合规，同时医院审计部门也参与其中，跟踪整个招标过程。筹建办配合招标代理单位组织标前准备会，将招标的意图如实反映给招标代理单位，为招标文件的编制奠定基础。在招标代理机构编制完成上述单位的招标文件后，筹建办审核修改招标文件，确保将所有要求如实体现在招标文件中。在招标文件发出后，筹建办组织投标企业踏勘现场，对医院项目现场情况进行详细介绍。筹建办参与答疑会，对招标代理机构汇总的问题进行回复，保证投标人准确了解项目情况。在评标过程中，由医院审计部门抽取评标委员会的专家，筹建办参与评标，充分表达医院的意见，与评标委员会的其他成员进行沟通，并对评标的全过程实施必要的监督。

由于施工涉及资金量巨大，施工招标是工程招投标中最受关注、竞争最激烈的部分，对工程进度、质量、造价及安全等方面的管理控制至关重要。因此，高质量的招标是关键，一方面可以给投标单位提供更多信息，更好地了解业主的需求和施工过程中可能遇到的难点和重点；另一方面通过价格和技术的综合分析比较，选择性价比符合要求的中标单位。某市第一人民医院改扩建项目对某高级中学教学楼拆除工程、保留建筑（B 楼）基础加固工程和施工总包工程、专业分包工程（医用气体、净化工程等）分别进行招标。本项目施工招标采用公开招标的形式。招标代理单位：某市基建管理有限公司。管理备案单位：某市建筑建材业市场管理总站。通过施工招标登记、施工招标文件备案、施工招标公告、施工评标委员会组成及施工招投标情况书面报告备案等工作开展施工招标。

二、采购管理

（一）改扩建工程开办采购工作操作流程

将开办采购项目按轻重缓急情况分为三类。

1. 急需采购的项目

① 需要大量时间安装调试或需要改扩建工程施工密切配合的采购项目。例如供应室手术室的设备，放射科大型医疗设备等。

② 需要前期对配置方案进行多次设计、讨论，最后才能达成共识的项目。例如各类家具、病房呼叫系统等。

③ 此类采购项目必须尽快实施，尽快完成招标工作，以确保整个工程的进度不受影响。

2. 必须如期完成的采购项目

对于改扩建工程启用时要使用，且到货后安装简单，不需要大量前期施工配合的采购项目。此类采购项目虽然时间上比较充裕，但须考虑招标后合同签订和到货的周期，以保证工程启用前一个月到货，并完成安装调试。

3. 不影响改扩建工程启用的采购项目

改扩建工程启用时可以用原有设备过渡使用的采购项目，或工程启用时暂时还不需要的物资，此类采购项目可以根据采购工作情况安排在最后阶段进行采购，当然要兼顾开办预算执行的截止时间。

（二）向社会公示采购项目信息

将经上级主管部门审核通过的开办预算采购项目列表上网公示，向社会公开采购项目的名称、数量、使用科室。让有资质、有意参与项目竞争的生产单位或产品代理商前来报名登记，让供应商有更多时间与科主任沟通，介绍产品的性能和特点，了解科主任对产品的功能和配置要求。

（三）采购项目的产品技术论证

对于每个采购项目预算金额超过100万元的产品，由采购处组织技术论证会，请后勤保障处、医务处或护理部、医院纪委或监察室人员，以及采购项目相关业务的临床科主任参加，并通知曾报名要求参与此项采购项目的生产单位或产品代理商到会介绍公司相关最新产品的性能、功能、特点和优势。经过数家公司的产品介绍后，科主任对所介绍的产品进行综合评议，给出初步客观的排序意见。

（四）采购项目的配置方案确认

对于开展预算采购项目，通过书面形式通知每个临床使用部门，明确哪些项目需要哪些部门（科室）进行设备配置和技术参数书面确认。为了充分体现三公原则和给市场一个充分竞争的机会，避免供应商坐地起价，要求科主任必须推荐三家以上公司的产品，并对公司所报的产品配置方案进行签字确认（碰到同类产品只有一个或两个品牌时，需临床科主任作出解释）。采购处接到三份（或三份以上）配置确认单后，才开始与生产单位或产品代理商进行商业询价。

（五）组织商业询价

采购处根据科主任确认的配置方案品牌，组织2名（或2名以上）采购人员与生产单位或产品代理商进行洽谈，对每种产品的证照资料、代理授权书、注册证逐一审核确认其有效性，了解产品的市场占有情况和销售情况，进一步对配置方案的技术要求和配件数量进行核对，统一售后服务要求，以此保证对每种产品要求的基本一致，体现公平性原则，在此基础上再进行综合询价。一般每个采购项目都要经过2～3轮这样的询价比较过程，最后根据综合询价情况及科主任的需求，拟定招标技术参数，报请第三方招标代理机构进行公开招标。

（六）招标工作

根据《中华人民共和国招标投标法》及医院相关招标采购的基本原则与方法，超过10万元的物资采购项目都要委托第三方招标代理公司进行公开招投标，专业招标公司将根据采购项目的情况选择公开招标、公开询价、竞争性磋商等方式进行招标工作。按照规定，医院可以委派一名招标人代表作为评标专家参与评标工作，但必须明确该代表是代表医院集体的意见，且必须尊重事实，严格按照招标文件中确定的评分方法给出公正客观的意见。

（七）签订合同

医院拟定统一的标准采购合同文本，配置清单可以作为合同的附件，便于合同的审核和控制。根据招标代理公司出具的中标通知书，并按照医院合同签订的内部规定，逐级审批完成合同签订工作。

（八）归档及移交

将采购合同与招标相关资料（包括委托第三方招标公司代理招标的委托书、招标文件、中标公司的投标文件、检察院出具的中标公司无行贿犯罪记录的证明和中标通知书）整理归档。一套采购处存档，两套移交给后勤保障处（其中一套用于付款结算时使用），后勤保障处根据合同中的配置清单内容进行到货清点验收工作，并进行资产登记入账。

第五节　施工阶段管理

一、施工阶段的质量管理

在某医院建设项目的质量管理过程中，施工阶段是整个医院建设项目质量管理最重要的环节。施工过程质量控制是事中质量控制。从工程进入施工阶段开始，甲方的工作重点就是进行施工过程的宏观控制，抓程序、抓管理，切实监督施工单位、监理单位履行职责，建立项目质量保证体系，重点控制关键环节及薄弱环节，并对施工单位采取质量奖惩制度，提倡提高工序检查验收的一次验收合格率，定期组织监理及各施工方参加工程质量联检，加强质量监督管理，确保结构的安全和使用需求，确保项目质量目标的实现。施工过程质量控制工作流程如图 9-3 所示。

二、施工进度控制

（一）一级进度计划

一级进度计划是指项目总体进度计划。作为进度控制的基准，是后续进度管理的指导性文件，其制定通常要综合考虑项目的规模、特点和医院建设的管理水平，结合类似工程的周期和上级部门的指导性意见，并考虑一些不可控的风险因素。项目总体进度计划利用里程碑、横道图以及节点表来表达，将对项目整体进度影响较为明显或较为重要的节点表示出来。医院建设项目的一级进度计划里程碑包括项目建议书批复、项目可行性研究批复、扩初设计批复、获得规划许可证、获得施工许可证、项目开工、桩基和围护结构施工、地下结构施工、地上结构施工、结构封顶、装饰装修工程交付、安装工程交付和项目竣工等关键节点。

总体进度计划编制完成后并非一成不变，在实施过程中要进行动态跟踪、检查、分析和调整。在医院代建项目前期阶段，甲方根据目前掌握的项目信息，综合考虑各项因素，初步确定项目建设周期，并初步制订项目总体进度计划。该阶段未知因

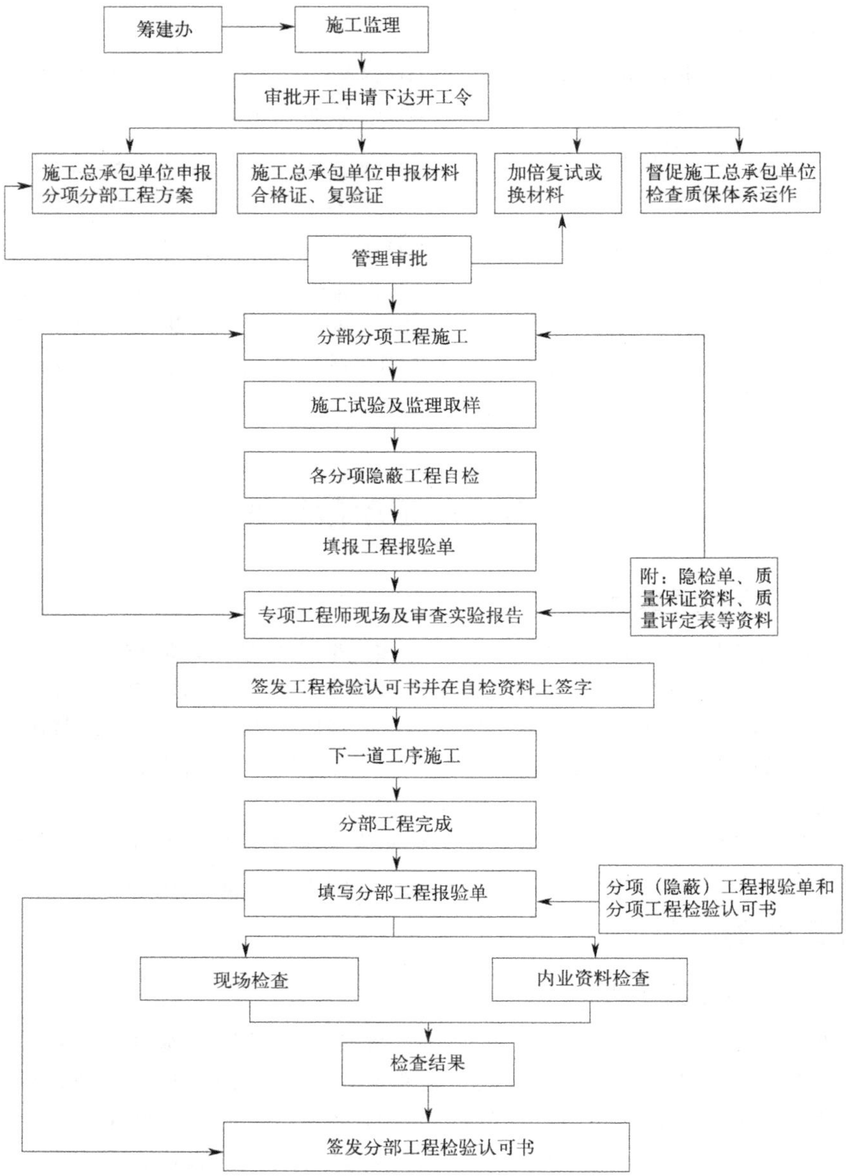

图 9-3　施工阶段质量控制流程图

素较多且不确定性较高，编制的总体进度计划精确度较低，需在后续阶段逐步调整。

筹建办在可研阶段前介入，在项目经理到岗后，制订开工前阶段的总体进度计划，并在可研审批后，调整原有计划，确定精确度较高的进度计划。在施工单位进场后，施工单位按照施工流水、施工顺序及投标工期编排施工总进度计划，筹建办将施工单位编制的总进度计划中的关键节点纳入项目总体进度计划中进行管理，并定期地调整和修改。

（二）二级进度计划

二级进度计划是工程建设总体控制和协调的依据，承担控制性的职能。其内容包括项目前期计划、项目施工计划、项目招标计划、项目专业分包招标计划、项目竣工验收计划和甲供设备材料进场计划。

二级进度计划是在项目总体进度计划的基础上编制的，建设进度总体上满足一级进度的关键控制节点和里程碑进度要求，在此基础上完善和细化各子系统的工作活动。与一级进度计划不同的是，二级进度计划会明确指出建设项目中的关键线路及各活动之间的逻辑关系，可操作性更强。

项目二级进度计划是根据项目总体进度计划和项目关键线路确定的，围绕关键线路开展进度管理。非关键线路上的活动不能影响关键线路上的活动。以初步设计阶段为例，在某市第一人民医院改扩建项目前期进度计划中，扩初出图后需要送审 18 家单位，全部单位送审完毕后方可进行初步设计经济及技术的评审。完成以上工作后方可进行初步设计审批，这些活动处于关键线路上，而基坑支护的安全性评审是非关键线路上的活动，如果基坑支护的安全性评审没有在初步设计审批前完成，必将影响关键线路上活动的开展。

（三）三级进度计划

三级进度计划是根据二级进度计划中的各项活动的专业特点进一步细化，按照该活动的开始和完成时间要求，将该活动分解为更细分的工作，是指导工作人员实施该活动的具体计划，其深度必须满足指导实际工作的要求。如表 9-2 中某市第一人民医院改扩建项目施工招标计划，将施工招标活动按流程进行分解，确定各项工作的时间，具有可实施性和可操作性。

表 9-2　某市第一人民医院改扩建项目施工招标计划

标段	时间	业主工作	招标代理工作	备注
施工	7.29	提供全套施工图(蓝图及电子版)，包括施工图说明，门窗表，装饰材料表及做法，基坑围护施工图，民防图纸(若有)		为确保清单编制质量，若图纸深度不够，问题较多，相关协调的时间可能延长
	7.29～8.20		编制施工招标文件及工程量清单	
	8.5		提交施工招标文件草稿	
	8.20	提供对施工招标文件草稿的审核意见	提交工程量清单初稿	
	8.21～8.23	审核工程量清单，并于 8.23 前提供审核意见	修改招标文件	
	8.24～8.26	对修改后的工程量清单确认	修改工程量清单	

续表

标段	时间	业主工作	招标代理工作	备注
施工	8.27～8.30		编制招标控制价	
	8.31～9.2	招标控制价审核，并于9.2前提供审核意见		
	8.27～8.30		上报招标办审核及修改定稿	
	8.30		招标登记，上传工程量清单，发布招标公告	
	9.2～9.6		招标公告发布期并发售招标文件	
	9.7～9.26	参加现场踏勘、答疑会、审核补充招标文件并盖章	潜在投标人编制招标文件	
	9.27	参加	开标	
	9.28～9.30 10.8～10.9	参加	回标分析，并向业主汇报，经业主确认后上传回标分析报告	
	10.9	参加	专家抽取	根据市招标办规定，在评标前24h内进行专家抽取
	10.11～10.14	盖章	准备备案资料、相关文件盖章	相关表格需经业主盖章后方可办理后续手续
	10.15～10.20		向标办递交备案资料、评标结果公示	
	10.21	业主及中标单位支付交易服务费	办理中标通知书	

三、安全与文明施工管理

（一）施工阶段安全管理

筹建办对项目安全生产保证体系实施过程进行监督、检查，组织参与安全技术交底和安全防护设施验收，纠正和制止违章指挥、违章作业，验证预防措施和应急预案；督促施工单位分阶段向当地建筑工程安全监督机构申请安全审核；督促并及时收集工程监理单位对施工单位编制的专项安全施工方案的审批文件；土方开挖工程、模板工程、起重吊装工程、脚手架工程、施工临时用电工程、垂直运输机械安装拆卸工程、拆除爆破工程及其他危险性较大的工程的审批；进入施工现场的垂直运输和吊装、提升机械设备应当经检测机构检测合格后方可投入使用；协助监理单位组织召开每月安全例会及各项安全专题会议，按照会议精神落实安全工作；督促工程监理单位对施工总承包单位履行施工合同中的施工安全措施、现场作业和施工方法的完备性和可靠性进行监督、落实；每周组织甲方、工程监理、总包三方现场进行安全检查，督促工程监理加强现场巡查、落实整改措施。

筹建办通过对施工单位的严格管理，并依靠施工监理单位监督施工单位积极进行各项安全生产工作并开展工程安全文明施工管理工作。通过对施工监理单位的严格管理，监督施工监理单位积极落实各项安全监理工作，进行安全管理。筹建办利用“项目管理检查评分表”定期对施工监理单位进行督促管理的检查工作，检查项包括：施工组织设计审批、各专项施工方案审批、监理月报按时编写提交、总监和专职安监到位情况检查、施工监理旁站记录情况检查、进场设备验收及材料抽查、防汛防台措施落实及检查、现场消防设施例行检查记录、现场危险品仓库例行检查记录、监理通知单及时发送及限期回复、重大危险源的现场监督检查、施工机械和安全设施验收手续以及安全文明施工教育和交底记录。

（二）文明施工管理

本项目的文明施工管理目标是创建某市文明工地。在项目管理期间，筹建办负责督促施工单位及监理单位等相关责任单位落实文明施工管理目标，根据住房和城乡建设部《建设工程施工现场管理规定》和《某市建设工程文明施工管理暂行规定》等各项文明施工规定，做好工程建设施工区域内的文明施工，保证文明施工的顺利进行。筹建办在建设项目施工过程中依靠监理单位进行文明施工管理，监督监理单位积极落实文明施工监理工作，严格督促施工单位在整个过程中做好内外场管理、管理好临时设施、处理好涉民矛盾等工作，具体措施见工程监理篇中临时设施和涉民矛盾管理（略）。

第六节　医疗建筑开办

一、开办项目资产管理的内容

医院固定资产是指单价在1000元以上（医疗设备单价在1200元以上）、使用期限在一年以上，并在使用过程中基本保持原有物质形态的医院资产。单价虽未达到规定标准，但耐用时间在一年以上的大批同类物资，也应作为固定资产管理。医院固定资产分为五类：房屋及建筑物、专用设备、一般设备、图书和其他固定资产。

二、医疗建筑开办中的资产管理程序

（一）一般程序

在医疗建筑开办过程中，资产管理应包括进场、验收入库、安装调试及入账付款等环节。

1. 进场

医院后勤保障部门应与采购部门建立沟通机制，及时掌握开办所需的设备设施的采购进度、进场时间、进场批次与数量等信息。医院后勤保障部门应与基建部门确认进场条件。若建筑现状不具备设备设施进场条件，应延后进场时间或借用临时仓库；若具备进场条件，应确认设备设施安装或放置的位置、吊装及吊装

口、运输通道、搬运方式及人员、场地保洁条件及场地保护等信息。

2. 验收入库

设备设施进场后，应由医院后勤保障部门资产管理员持采购合同与设备明细清单进行开箱验收、清点，对品种、规格、数量和质量逐一确认；验收完成后，应填写“开箱验收单”，现场交付给设备使用科室的资产保管员，建立科室分类账。在验收过程中，对于不合格的设备设施应拒绝接收，并通知采购部门及时退换。医院后勤保障部门按规定对固定资产予以分类、编号，并粘贴标签，建立台账、卡片资料，对固定资产建立健全三账一卡制度，即：财务处负责总账和一级明细分类账，后勤保障部门负责二级明细分类账，使用部门建立在用固定资产分类账。医疗设备建档应包括以下资料：招标文件、合同文本原件、设备明细清单、使用说明书、质保书、医疗设备“三证”、开箱验收单、性能验收合格证（如有）及购置发票等。

3. 安装调试

医疗设备安装过程一般由原厂专业工程人员完成，医院应提供保安、门禁、技防设施的配合。医疗设备性能验收应由供方人员、科室负责人、医院后勤保障部门共同确认。

（二）特殊程序

（1）大型医疗设备类：需与基建部门、施工单位协调吊装口位置、运输通道、放射防护条件等，确保进场期间的安全及后期放射防护验收。

（2）医疗专用设备类：需落实贵重可移动设备在建筑正式启运前的安保措施。

（3）一般通用设备类：可移动类设备（如电脑、打印机、移动查房设备等），应在进场验收后，确保具备有线网络、无线网络覆盖等信息条件；固定类设备（如会议室设备）应进行现场多系统联动测试。

第七节　综合管理

一、管理要点

为了应对综合管理的难点，甲方采用了全面导入整体思维的模式，一方面对项目实施的背景环境通盘分析，查找内在联系关系；另一方面全面梳理项目实施及全生命周期运营应解决的主要问题，然后以整体思维模式，有计划地加以系统性地解决。本项目甲方管理的主要指导思想如下。

（1）先谋而后定，进一步明确施工计划，主要措施包括：基建处建立了院内定期沟通机制，由院办督办落实；计划先行、方案周密，会同总包、监理等相关单位，按照先阶段性施工计划再到总体施工计划，再确定专业分包招标计划，对施工难点充分分析，做到控制到位，对整体、年度、月和周计划全面把控；另外，邀请专业咨询小组出谋划策，做到依托外脑、精益求精。

（2）集思广益，设计方案不断得以优化：例如项目筹建办多次组织相关科室主任、人员就医院合理化布局、人流物流的合理分配等进行讨论，并与设计单位进行沟通，优化设计方案。

（3）多方沟通，确保工程推进：甲方主动与居委会、街道、消防救援支队和区规划部门进行沟通，做好协调工作，确保工程推进。

二、双优工作

为了杜绝管理薄弱导致医院建设工程廉政风险高度集中的问题，某市第一人民医院改扩建项目积极推行“工程优质、干部优秀”（以下简称“双优”）活动，认真做好党风廉政建设。项目筹建办多次召开改扩建工程党风廉政建设专题会议。医院领导与相关职能部门负责人分别与承建单位签署了党风廉政建设协议，着重做好专业分包与大宗采购招投标、管理网络建设、发挥党员作用以及维护沟通机制等几个方面的工作，继续下大力气将医院改扩建工程的党风廉政建设引向深入。主要的创“双优”工作举措如下。

在某区检察院的关心下，某市第一人民医院改扩建工程联合党支部签约暨“双优”工作推进会正式召开。自项目进入可研审批阶段后，某院将月度进展汇编成工作简报，定期将重大事项通报申康医院发展中心、市干保局、市重大办和检察院等部门，做到了“情况早沟通、监督早到位、支持早获取”。医院领导带头立廉的主要措施是：医院领导班子全体成员均签订保证书，明确不在工程招投标等方面插手、打招呼。在项目实际运作过程中，在风险防控方面，严格执行基本建设的法律法规；运作过程中充分运用PMC项目管理及风险防控平台；有效实现制度＋科技的管理目标。一方面，组建敢于坚持制度、敢管善管的基建管理团队；另一方面，建立日臻完善的监督管理机制，从而严格管理，确保不会出现腐败事件。建立廉政三级预警机制，即专项廉政警示教育机制、廉政告诫谈话机制、廉政问题核查处理机制，三级机制联动，确保廉政工作扎实推进。

三、宣传教育

为加强宣传教育工作，项目党、团支部十分注重关心员工的思想动态，定期学习交流相关文件、法规，并掌握实时信息。项目部在工程现场及办公区多处布置安全教育宣传廊，并悬挂安全宣传标语，及时更新各类时事板报。每年5月2日安全日活动中，组织现场所有参建人员统一进行安全教育，在大食堂布置多台电视机，循环播放安全文明施工宣传动画，以提高工人施工过程中的安全意识。

四、节约创新措施

筹建办和项目部还积极采取了各类节约创新措施，认真做好“节能、节地、节水、节材和环境保护”工作。主要措施包括安装用电限流器、节能灯，实行噪声监测，实行废旧钢筋回收，制作定型化临边防护和灯架，循环利用雨水和场地内用水，利用废弃沥青铺设道路等。为了确保项目各既定目标如期完成，项目部多次召开推进会，分析了项目进展情况，并对后续施工作出要求和部署。各主要参建分包单位各自做了表态，并签署“军令状”，为各进度节点齐心协力，全力以赴。

参考文献

[1] 胡文奎，马敏，李涛．岩土工程勘察技术［M］．南昌：江西科学技术出版社，2024.
[2] 陈昱成，刘节升，闫小龙．地基基础与岩土工程勘察［M］．湘潭：湘潭大学出版社，2024.
[3] 黄香春，张旭，尧红刚．岩土工程测量与勘察设计［M］．上海：上海交通大学出版社，2024.
[4] 王玉磊，刘晓磊，潘德民．岩土工程勘察技术与实践研究［M］．天津：南开大学出版社，2024.
[5] 陈剑波，郭牡丹．土力学与地基基础［M］．北京：北京理工大学出版社，2024.
[6] 陈明军，杨菁，王锋．地质勘探工程与测绘技术应用［M］．长春：吉林科学技术出版社，2024.
[7] 孙昌一，范大军，陈琦．地质勘查与岩土工程研究［M］．北京：中国商务出版社，2024.
[8] 福建省建筑设计研究院有限公司．岩土工程勘察标准［M］．福州：福建科学技术出版社，2023.
[9] 雷丹，潘启钊，张继伟．岩土工程勘察与设计［M］．长沙：湖南大学出版社，2023.
[10] 鲁海霞，赵雪飞，郭娜．岩土工程勘察与施工技术研究［M］．长春：吉林科学技术出版社，2023.
[11] 邓长培．岩土工程与地质勘察技术研究［M］．哈尔滨：东北林业大学出版社，2023.
[12] 高山川，杜广印．岩土工程勘察与评价［M］．武汉：中国地质大学出版社，2023.
[13] 刘学友，曹雷，季鑫．岩土工程勘察施工与环境地质保护研究［M］．哈尔滨：哈尔滨出版社，2023.
[14] 肖义涛，林超，张彦平．建筑施工技术与工程管理［M］．长春：吉林人民出版社，2022.
[15] 刘海龙，尹克俭，韩阳．建筑施工技术与工程管理［M］．长春：吉林人民出版社，2022.
[16] 蒋刚，汪军，王伟．高地下水软土地基降排水方案设计及优化研究［M］．郑州：黄河水利出版社，2020.
[17] 木林隆，赵程．基坑工程［M］．北京：机械工业出版社，2021.
[18] 濮阳炯．建设工程前期管理［M］．沈阳：东北大学出版社，2022.
[19] 褚桂琰，杨伟光，王磊．建筑工程施工组织与安全管理研究［M］．长春：吉林科学技术出版社，2023.
[20] 刘孝华．房屋建筑工程质量管理实用手册［M］．青岛：中国海洋大学出版社，2023.
[21] 任淼，谢君利，李乐蒙．建筑工程质量管理与土木工程技术研究［M］．哈尔滨：哈尔滨出版社，2025.
[22] 张瑞生．建筑工程质量与安全管理：3版［M］．北京：中国科技出版传媒股份有限公司，2025.
[23] 刘正涛，苑艺林．建筑工程项目管理与工程造价管理［M］．北京：中国建设科技出版社，2025.
[24] 李文．建筑工程质量与安全管理［M］．武汉：华中科技大学出版社，2024.
[25] 梅华，姜山，唐秀英．建筑施工技术与管理［M］．上海：上海交通大学出版社，2024.
[26] 林环周．建筑工程施工成本与质量管理［M］．长春：吉林科学技术出版社，2022.
[27] 王明太．建筑工程施工管理与风险控制研究［M］．北京：北京工业大学出版社，2022.
[28] 中建三局集团有限公司．10天建成一座医院［M］．南京：江苏凤凰美术出版社，2020.
[29] 中国医院协会，同济大学复杂工程管理研究院．医院建设工程项目管理指南［M］．上海：同济大学出版社，2019.
[30] 吴锦华，张建忠，乐云．医院改扩建项目设计、施工和管理［M］．上海：同济大学出版社，2017.